LE

DÉPLACEMENT POLAIRE

LE
DÉPLACEMENT POLAIRE

PREUVES
DES VARIATIONS DE L'AXE TERRESTRE

PAR

LE Dr JULES CARRET

Ancien élève de l'École polytechnique de Turin
(Académie d'armes savantes),
Docteur en médecine de la Faculté de Paris,
Vice-Président de la Société savoisienne d'histoire et d'archéologie, etc.

***

AVEC UNE CARTE EN COULEURS
ET DES FIGURES DANS LE TEXTE

PARIS	CHAMBÉRY
LIBRAIRIE F. SAVY	LIBRAIRIE N. BAUDET
77, bould Saint-Germain, 77	Rue des Portiques

1877

DÉPLACEMENT POLAIRE

CHAPITRE PREMIER.

VARIABILITÉ DE L'AXE.

Ce que j'entends démontrer. — Conditions de stabilité de l'axe.
— La fixité absolue de l'axe est extrêmement improbable. —
Objection de l'aplatissement aux pôles. — Objection des va-
riations de latitude. — Les pyramides d'Égypte.

J'entreprends de démontrer que l'axe de la rotation terrestre n'occupe pas une position fixe à
l'intérieur de notre globe ; — que le globe se déplace relativement à son axe, de manière que les
deux points d'intersection de l'axe avec la surface terrestre, les pôles, sont des points qui varient, traçant des chemins à la surface de la
terre ; — que les lieux où sont maintenant les
pôles ont pu, à un certain moment, se trouver où
nous voyons l'équateur, tandis que l'équateur

passait aux points où sont actuellement marqués les pôles.

Pour établir ma démonstration, je considérerai : la forme de notre globe, la distribution géographique des terres et des mers, les soulèvements et les affaissements du sol relativement au niveau marin ; je considérerai certaines particularités de ce que l'on appelle les périodes glaciaires ; enfin, je m'appuierai sur certains faits relatifs aux faunes et aux flores passées et récentes.

Je m'écarte manifestement des doctrines ayant cours. Les doctrines scientifiques en faveur aujourd'hui admettent la fixité absolue de l'axe de rotation de la terre. Aussi, dans ce premier chapitre, je veux montrer que la fixité absolue de l'axe est invraisemblable, et je veux discuter les raisons dont on s'arme pour repousser *a priori* le déplacement polaire.

Variabilité de l'axe. — Notre globe tourne sur lui-même suivant un axe qui répond au *moment maximum d'inertie* (1).

L'axe est stable s'il continue à passer par le centre de gravité du globe, et s'il garde la propriété du moment maximum d'inertie. Il est stable, signifie que si la terre recevait un choc,

---

(1) Pour l'explication de ces mots, voir la note A, page 229.

le choc d'un aérolithe, par exemple, et prenait pour axe une ligne voisine, l'axe nouveau de la rotation tendrait à venir se confondre avec l'axe primitif, après une série d'oscillations.

Dans la figure ci-dessous, le cercle représente le globe, dont le point C est le centre de gravité;

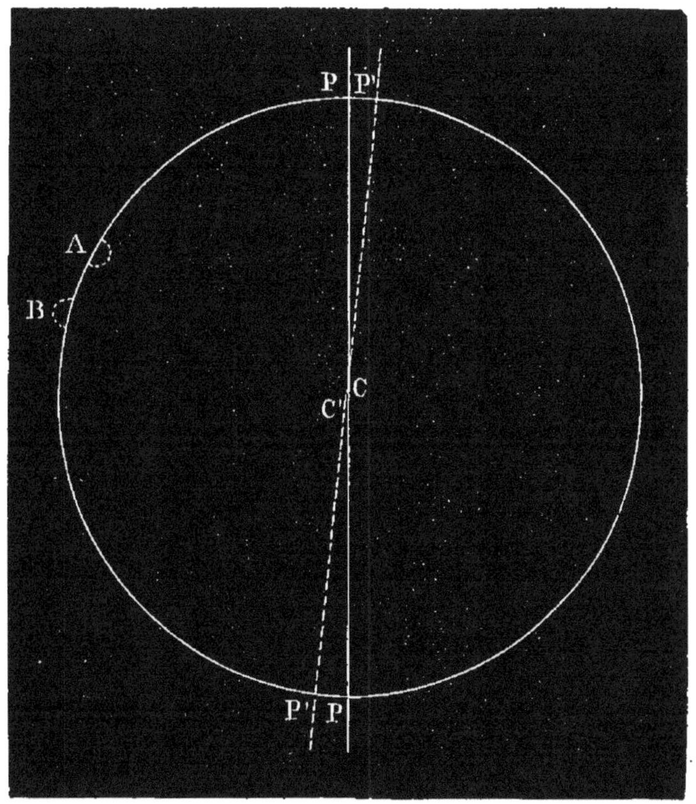

FIGURE 1.

la ligne PP est l'axe de rotation ; les points P, P sont les pôles.

Supposons qu'on prenne une portion de la

substance du globe au point A, pour la surajouter au point B. Le centre de gravité sera quelque peu déplacé, et l'axe correspondant au moment maximum d'inertie sera notablement dévié.

Le nouveau centre de gravité sera, je suppose, C', le nouvel axe la ligne P'P'. L'axe stable sera ce nouvel axe et non plus l'ancien. Les pôles seront les points P', P', et non plus les points P, P.

Si la terre était une sphère parfaite, tous les diamètres posséderaient à un égal degré la qualité d'axe principal. Les moments d'inertie seraient égaux. Alors qu'un diamètre quelconque servirait d'axe de rotation, le plus mince déplacement de substance pourrait transporter la rotation autour d'un diamètre formant un angle considérable avec le premier. Un kilogramme de substance pris à l'équateur et porté au pôle suffirait à faire passer l'équateur par les pôles et à fixer les pôles suivant le diamètre correspondant au manque de substance.

La terre est presque une sphère. La différence de longueur entre le plus grand rayon et le plus petit rayon équivaut à environ 21 kilomètres, c'est-à-dire à la trois-centième partie de l'un d'eux.

Je suppose que le transport d'un certain poids de substance, du point A au point B, ait produit une variation de l'axe de rotation mesurée par l'arc P P'.

Le transport d'un poids moindre eût suffi à produire la même variation si la forme du globe se fût rapprochée davantage de la forme de la sphère. Le poids eût dû être augmenté pour amener le même résultat sur un globe plus aplati.

Que ce transport soit instantané, ou qu'il s'effectue par petites portions et avec une lenteur extrême, l'importance du déplacement de l'axe restera la même. Dans le cas d'un transport fractionné, le déplacement de l'axe sera lent ; — et il est à remarquer que l'axe aura parcouru plus de la moitié du trajet alors que la moitié seulement des matériaux aura été transportée. Le raisonnement qui s'applique à la moitié s'applique également à la moitié de la moitié et aux quantités moindres.

Donc le transport d'une petite quantité de substance à la surface du globe ne produit qu'un petit déplacement de l'axe de rotation, mais produit un déplacement.

Les transports de matières sont incessants à la surface du globe. Les glaces flottantes venues des mers polaires sèment le fond des mers plus chaudes des débris empruntés aux terres voisines des pôles. Les courants océaniques charrient des sels calcaires et d'autres corps dissous ou non dissous qui vont s'accumuler aux lieux où change la température ou l'agitation de l'eau. Les fleuves et des montagnes en saillie, à peu près comme actuellement. Le mouvement de rotation s'établit autour d'un axe quelconque.

On peut prévoir trois actions différentes qui, chacune, tendront à aplatir la sphère à ses pôles.

Dès le commencement de la rotation, les mers s'abaisseront aux pôles et s'élèveront à l'équateur. Alors déjà, les géomètres qui mesureraient les arcs de méridiens à la suface des continents, jugeraient que le globe est aplati aux pôles,— puisque toutes ces mesures géodésiques sont ramenées au niveau des océans. Ils diraient que le globe est un ellipsoïde de révolution. A ce moment, les continents voisins de l'équateur seront généralement noyés ; les continents voisins des pôles seront, au contraire, agrandis, et présenteront des saillies extraordinaires.

La deuxième action sera une déformation dans le même sens de la masse solide. Tous les matériaux connus du globe sont compressibles dans une certaine mesure, élastiques aussi entre certaines limites. La rotation diminue la pesanteur d'autant plus qu'on se rapproche davantage de l'équateur. Ainsi la masse solide se renflera, principalement à l'équateur, et accusera la forme ellipsoïdale. Visiblement, la déformation de la masse solide sera moindre que la déformation de la masse liquide. Elle sera lente à s'accomplir ;

— les matériaux de nos maisons emploient des années à leur tassement.

La troisième action sera plus lente encore. C'est l'action de dénudation. Les hautes saillies des continents polaires, que ne protégera pas la végétation, seront à la longue abattues par les glaciers et les autres agents d'érosion, et leurs débris seront roulés au fond des mers. Le fond des océans est resté en pente depuis les pôles jusqu'à l'équateur, lieu de la profondeur la plus grande. Progressivement les profondeurs équatoriales tendront à se combler. Avec une durée suffisante, les continents voisins des pôles ne dépasseront pas la hauteur des autres continents.

Ces trois actions : déplacement liquide, déformation solide, dénudation polaire, produiraient-elles, au total, un aplatissement planétaire plus grand ou plus faible que celui qui se fût montré sur la sphère en fusion ?

Le calcul est inhabile à répondre à cette question.

Supposons, en effet, le cas le plus simple : — supposons que nous voulions calculer l'aplatissement d'une sphère d'eau pure, à la température uniforme de 10 degrés dans toute sa masse, ayant le volume de notre globe, et sa même vitesse de rotation. Immédiatement se dresse une difficulté : il s'agit de connaître la densité de l'eau en un point

substance du globe au point A, pour la surajouter au point B. Le centre de gravité sera quelque peu déplacé, et l'axe correspondant au moment maximum d'inertie sera notablement dévié.

Le nouveau centre de gravité sera, je suppose,
C', le nouvel axe la ligne P'P'. L'axe stable sera
ce nouvel axe et non plus l'ancien. Les pôles seront les points P', P', et non plus les points P, P.

Si la terre était une sphère parfaite, tous les
diamètres posséderaient à un égal degré la qualité d'axe principal. Les moments d'inertie seraient égaux. Alors qu'un diamètre quelconque
servirait d'axe de rotation, le plus mince déplacement de substance pourrait transporter la rotation autour d'un diamètre formant un angle
considérable avec le premier. Un kilogramme de
substance pris à l'équateur et porté au pôle suffirait à faire passer l'équateur par les pôles et à
fixer les pôles suivant le diamètre correspondant
au manque de substance.

La terre est presque une sphère. La différence
de longueur entre le plus grand rayon et le plus
petit rayon équivaut à environ 21 kilomètres,
c'est-à-dire à la trois-centième partie de l'un d'eux.

Je suppose que le transport d'un certain poids
de substance, du point A au point B, ait produit
une variation de l'axe de rotation. mesurée par
l'arc P P'.

Le transport d'un poids moindre eût suffi à produire la même variation si la forme du globe se fût rapprochée davantage de la forme de la sphère. Le poids eût dû être augmenté pour amener le même résultat sur un globe plus aplati.

Que ce transport soit instantané, ou qu'il s'effectue par petites portions et avec une lenteur extrême, l'importance du déplacement de l'axe restera la même. Dans le cas d'un transport fractionné, le déplacement de l'axe sera lent ; — et il est à remarquer que l'axe aura parcouru plus de la moitié du trajet alors que la moitié seulement des matériaux aura été transportée. Le raisonnement qui s'applique à la moitié s'applique également à la moitié de la moitié et aux quantités moindres.

Donc le transport d'une petite quantité de substance à la surface du globe ne produit qu'un petit déplacement de l'axe de rotation, mais produit un déplacement.

Les transports de matières sont incessants à la surface du globe. Les glaces flottantes venues des mers polaires sèment le fond des mers plus chaudes des débris empruntés aux terres voisines des pôles. Les courants océaniques charrient des sels calcaires et d'autres corps dissous ou non dissous qui vont s'accumuler aux lieux où change la température ou l'agitation de l'eau. Les fleuves versent aux mers les produits du creusement de leurs bassins. Ainsi se font et se défont les roches ; ainsi se réunissent et se dispersent les matériaux des continents.

Pour que ces nombreux charriages fussent sans influence sur la position de l'axe de rotation, il faudrait qu'au total leurs actions s'équilibrassent ; en d'autres termes, il faudrait que les masses et les chemins donnassent une somme de valeurs égale à zéro. Il suffit de les envisager un peu pour se convaincre qu'aucun d'entre eux, pris isolément, ne se fait équilibre à lui-même. Je suis fort loin d'avoir énuméré tous les modes de transport de matières. La multiplicité de ces moyens, parmi lesquels les uns agissent constamment, les autres d'une manière intermittente, et dont le plus grand nombre présentent des périodes d'énergie accrue et ralentie, — cette diversité, dis-je, montre bien que si l'équilibre général existait un instant, ce serait le fait d'un hasard difficile, et que l'instant serait court. En outre, le déplacement polaire ayant une vitesse acquise, continuerait sa marche et franchirait l'instant de l'équilibre.

On doit donc déjà reconnaître que la fixité absolue de l'axe de la rotation terrestre est un fait extrêmement improbable.

Arguments en faveur de la fixité de l'axe. —

On fait valoir deux arguments afin d'établir la fixité de l'axe de la rotation terrestre. L'un est d'essence géologique, ou plutôt cosmogonique. L'autre est de nature astronomique.

Le premier argument peut être ainsi formulé :

« La terre a été originellement fluide. Dans cet état, le mouvement de rotation a renflé à l'équateur et déprimé aux pôles la sphère molle. Puis la terre s'est recouverte d'une croûte solide. Les lieux aplatis, c'est-à-dire les pôles, n'ont pas pu varier de place. Donc l'axe est fixe. »

Je pourrais dire que la liquidité primitive du globe n'est pas démontrée. Mais la question principale est ailleurs. Si je montre que l'aplatissement se produirait également sur une sphère solide, solide même jusqu'à son centre, et si je montre que l'aplatissement suivrait le pôle dans son déplacement, cette première objection sera réfutée.

Le mot *aplatissement* n'est pas le mot propre. Il s'agit en réalité de la transformation d'une sphère en un ellipsoïde de révolution, et non d'une déformation purement polaire de la sphère. Cela dit, je continue à me servir du terme aplatissement, parce qu'il évite une circonlocution.

Supposons notre globe solide jusqu'à son centre, sphérique, mais présentant des continents et des montagnes en saillie, à peu près comme actuellement. Le mouvement de rotation s'établit autour d'un axe quelconque.

On peut prévoir trois actions différentes qui, chacune, tendront à aplatir la sphère à ses pôles.

Dès le commencement de la rotation, les mers s'abaisseront aux pôles et s'élèveront à l'équateur. Alors déjà, les géomètres qui mesureraient les arcs de méridiens à la suface des continents, jugeraient que le globe est aplati aux pôles,— puisque toutes ces mesures géodésiques sont ramenées au niveau des océans. Ils diraient que le globe est un ellipsoïde de révolution. A ce moment, les continents voisins de l'équateur seront généralement noyés ; les continents voisins des pôles seront, au contraire, agrandis, et présenteront des saillies extraordinaires.

La deuxième action sera une déformation dans le même sens de la masse solide. Tous les matériaux connus du globe sont compressibles dans une certaine mesure, élastiques aussi entre certaines limites. La rotation diminue la pesanteur d'autant plus qu'on se rapproche davantage de l'équateur. Ainsi la masse solide se renflera, principalement à l'équateur, et accusera la forme ellipsoïdale. Visiblement, la déformation de la masse solide sera moindre que la déformation de la masse liquide. Elle sera lente à s'accomplir ;

— les matériaux de nos maisons emploient des années à leur tassement.

La troisième action sera plus lente encore. C'est l'action de dénudation. Les hautes saillies des continents polaires, que ne protégera pas la végétation, seront à la longue abattues par les glaciers et les autres agents d'érosion, et leurs débris seront roulés au fond des mers. Le fond des océans est resté en pente depuis les pôles jusqu'à l'équateur, lieu de la profondeur la plus grande. Progressivement les profondeurs équatoriales tendront à se combler. Avec une durée suffisante, les continents voisins des pôles ne dépasseront pas la hauteur des autres continents.

Ces trois actions : déplacement liquide, déformation solide, dénudation polaire, produiraient-elles, au total, un aplatissement planétaire plus grand ou plus faible que celui qui se fût montré sur la sphère en fusion?

Le calcul est inhabile à répondre à cette question.

Supposons, en effet, le cas le plus simple : — supposons que nous voulions calculer l'aplatissement d'une sphère d'eau pure, à la température uniforme de 10 degrés dans toute sa masse, ayant le volume de notre globe, et sa même vitesse de rotation. Immédiatement se dresse une difficulté : il s'agit de connaître la densité de l'eau en un point quelconque du rayon de la sphère. La densité de l'eau continue-t-elle à croître avec la pression, c'est-à-dire avec la profondeur, d'après la règle indiquée par l'expérience du piézomètre? Cela n'est pas vraisemblable; car déjà avant le dixième de la profondeur totale, la densité de l'eau aurait dépassé la densité du mercure. Il y a probablement un point où l'eau cesse d'être compressible; on ignore où peut être ce point. Si l'eau était incompressible, l'aplatissement de la sphère ne serait que la 500ᵉ partie du rayon. Si la densité de l'eau augmentait proportionnellement à la profondeur, l'aplatissement serait le double, soit la 250ᵉ partie du rayon. Telles sont les limites entre lesquelles peuvent flotter les résultats des calculs relatifs au cas le plus simple.

Les complications sont autrement grandes s'il s'agit du globe en fusion, formé de matières diverses, inconnues, à températures plus inconnues encore.

Si l'axe de la rotation terrestre prenait une position nouvelle à travers le globe, l'aplatissement qui se manifesterait aux nouveaux pôles serait-il égal à celui qu'on s'occupe à mesurer aujourd'hui?

A cette question, je puis répondre affirmativement.

Le niveau des océans dessine l'aplatissement.

La forme acquise par les océans dépend de la vitesse de la rotation et de la composition intérieure du globe. Après le déplacement de l'axe, la vitesse de la rotation et la composition intérieure du globe n'auraient pas changé. La loi qui lie l'augmentation de la densité des corps à l'augmentation de la pression subie n'aurait pas varié.

Ainsi l'aplatissement dessiné par le niveau des mers relativement au nouvel axe serait à peu près encore la 300e partie du rayon terrestre. Une légère différence, au début, serait due à la saillie des continents polaires, lesquels, faisant dévier la verticale, diminueraient un peu l'aplatissement du niveau liquide. Après un temps suffisant, la déformation de la partie solide du globe et l'érosion des terrains voisins du pôle amèneraient l'aplatissement à être égal à ce qu'on observe aujourd'hui.

Si l'axe se déplace par un mouvement très-lent, ininterrompu, et sensiblement uniforme, l'aplatissement polaire accompagne le pôle et conserve en tous lieux une amplitude égale.

L'existence de l'aplatissement du globe ne prouve donc pas la fixité de l'axe.

On peut admettre ou ne pas admettre que la terre ait été primitivement une sphère à l'état de fusion; on peut admettre ou ne pas admettre

la solidité de l'intérieur du globe (1) ; dans chacun de ces cas, ce qui précède demeure applicable.

L'argument astronomique est celui-ci :

« Si l'axe n'était pas fixe, les points de la surface du globe varieraient en longitude et en latitude. Or, aucune de ces variations n'a été remar-
quée. Donc l'axe est fixe. »

Examinons tout d'abord depuis quelle époque,
et avec quelle approximation on sait déterminer
la situation d'un point de la surface du globe.

Jusqu'à l'application des lunettes aux mesures
d'angles, on obtenait peu de précision dans les
opérations d'astronomie. Cette invention est due
à Picard. Elle date de la seconde moitié du dix-
septième siècle.

La détermination de la longitude d'un lieu offre des causes d'erreur beaucoup plus grandes que
la détermination de la latitude, — même de nos
jours, où les observateurs utilisent les signaux
électriques. Ainsi, les cartes anciennes pêchent
principalement par des erreurs de longitudes.
Ne nous occupons ici que des mesures de latitudes.

Pour Ptolémée (2), l'incertitude commençait
avec les arcs inférieurs à dix minutes.

---

(1) Ces points sont discutés dans la note B, page 230.
(2) BERTRAND. *Journal des Savarts*, année 1874, page 707.

Tycho; « le plus exact et le plus habile des astronomes de son temps, » osait répondre d'une demi-minute.

Cent ans après, Cassini donnait le résultat de ses observations à une minute près seulement.

En 1669, Picard, utilisant les lunettes, fixait la latitude de l'observatoire de Paris à 48° 50′ 10″.

En 1815, Bouvard trouvait le chiffre : 48° 50′ 16″.

On admet aujourd'hui, pour l'observatoire de Paris, la mesure de Laugier : 48° 50′ 11″ 8.

En 1690, Flamsteed, se servant du procédé de Picard, donnait, pour la latitude de l'observatoire de Greenwich : 52° 28′ 30″.

Présentement on admet pour cette même latitude le chiffre de 52° 28′ 40″. Différence, dix secondes.

En 1808, Arago fixait, à Formentera, la latitude du point extrême de sa triangulation par quatre mille observations exécutées avec le plus grand soin.

En 1827, Biot, répétant les mêmes opérations, obtenait un résultat différant de trois secondes de celui d'Arago, après mille soixante observations consécutives.

M. Bertrand, dans le travail duquel je puise ces chiffres, ajoute : « Il serait téméraire, on le voit, de considérer comme certaines les valeurs obtenues dans lesquelles figurent des secondes et des fractions de seconde.»

Encore, n'est-il ici question que des mesures exécutées par des astronomes éminents, et fournis des meilleurs instruments que puisse mettre à leur disposition l'industrie moderne.

Si donc, depuis deux cents ans, le pôle s'était avancé, directement vers Paris, d'un quart de minute, je suppose, les astronomes eussent été inhabiles à contrôler ce mouvement. Telle est cependant la direction qui aurait le plus facilement signalé aux astronomes le déplacement du pôle. Supposons qu'avec un compas, prenant Paris comme centre, et la distance de Paris au pôle comme rayon, on trace sur le globe un arc de cercle dans la région polaire; il est clair que, le pôle se déplaçant sur cet arc de cercle, la latitude de l'observatoire de Paris ne subira aucune variation. Dans ce cas, et dans les cas qui s'en rapprochent, le pôle aurait pu, pendant les deux derniers siècles, parcourir un chemin très-long sans que les observatoires de Paris ou de Greenwich s'en fussent aperçus. Je montrerai plus loin, par l'étude des soulèvements et des affaissements du sol, que la voie suivie par le pôle n'est pas à beaucoup près celle que les astronomes de Paris eussent le plus facilement connue.

Les observations des plus anciens astronomes,

quoique moins précises que les observations modernes, peuvent être plus concluantes, précisément à cause de leur ancienneté.

Il y a six mille ans environ, les Égyptiens construisirent la pyramide de Cheops, qu'on appelle aussi la Grande Pyramide, et tout porte à croire qu'ils en orientèrent avec la plus grande attention les faces suivant les quatre points cardinaux. Il leur était possible, sans le secours de nos instruments, de tracer une méridienne exacte à deux ou trois minutes près. Je n'entre pas dans la description des procédés simples qu'ils eussent pu mettre en œuvre (1), car j'estime que leurs prêtres savaient opérer mieux que je n'aurais pu le leur suggérer.

Il y a donc grand intérêt à connaître si les faces de la pyramide de Cheops correspondent encore aux points cardinaux.

Un ouvrage d'astronomie populaire (2) émet, en d'autres termes, la pensée que voici : — La seule preuve que nous ayons de la fixité de l'axe terrestre est l'exactitude avec laquelle les faces de la Grande Pyramide sont encore orientées aujourd'hui.

---

(1) Voir, au surplus, pour l'exposé de l'un des moyens simples, BIOT, *Journal des Savants*, année 1855.

(2) RAMBOSSON (J.), *Histoire des Astres*, Paris, 1874, p. 14. (Cette pensée, si je ne m'abuse, a été empruntée à un passage de la *Description de l'Égypte*.)

Cependant, au commencement de ce siècle, l'astronome Nouet avait mesuré la direction des côtés de la Grande Pyramide, et il avait trouvé que la méridienne tracée par les Égyptiens déviait de vingt minutes vers l'ouest (1).

Plus récemment, Biot priait M. Mariette d'étudier de quelle manière le soleil éclairait, à son lever et à son coucher, les faces de la Pyramide, à l'époque de l'équinoxe de printemps ; les observations transmises par M. Mariette indiquèrent que peut-être la méridienne tracée par les Égyptiens déclinait de la moitié d'un degré vers l'ouest (2).

Le nord se trouvait-il, il y a six mille ans, à vingt ou trente minutes à l'ouest de sa position actuelle, ou les astronomes égyptiens ont-ils commis cette erreur ? Il est délicat de se prononcer. Mais on pourrait se prononcer avec assurance si on possédait les mesures des directions des faces des autres pyramides. Si les pyramides voisines de la première qui fut construite après le tracé d'une méridienne, ont pu recevoir la direction de leurs faces par un simple tracé de parallèles, il n'en est plus de même de pyramides très-distantes, éloignées de cinquante kilomètres, comme celles de Saqqarah. Pour ces dernières, il a fallu détermi-

---

(1) *Description de l'Égypte*, Panckouke, 2e édit., Paris, 1829, t. V, page 601.

(2) Biot, *Journal des Savants*, juillet 1855.

ner à nouveau la situation des points cardinaux. Si, après mesures prises, on trouve que toutes les méridiennes dévient vers l'ouest, si surtout on trouve que l'importance de la déviation répond au nombre des siècles écoulés depuis la construction de chacun de ces monuments, il faudra bien en conclure que le nord a varié dans le sens indiqué.

A côté des pyramides sont les mastabas, édifices plus anciens que les pyramides, lesquels montreraient le nord à une douzaine de degrés à l'ouest du point actuel. Il y a là, peut-être, une tradition d'orientation.

Les pyramides sont généralement percées à leur face nord d'un couloir d'entrée, que l'on a, dit-on, voulu faire parallèle à l'axe de la terre. Le couloir de la Troisième Pyramide serait incliné de 26° 2'. Le couloir de la Pyramide en Pierres, du Nord, de Dashour, serait incliné de 27° 56'.

Les monuments de l'Égypte ancienne présentent encore d'autres particularités (angles d'inclinaison des faces des pyramides, orientation du Sphynx, etc.); mais on n'est point d'accord qu'elles aient une signification astronomique, et les chiffres qu'on leur rapporte offrent trop d'écarts pour que, dans l'état actuel, on puisse en tirer parti.

Malgré que la déviation de la méridienne marquée par la Grande Pyramide s'arrange par le sens avec ma théorie, je ne veux pas m'en faire un argument. Mais on m'accordera que la pyramide ne prouve rien contre moi.

Les mensurations des latitudes n'indiquent pas mieux que l'axe demeure fixe. Pour que le déplacement soit possible, il suffit qu'il soit lent, et reste inférieur aux vitesses qui auraient éveillé l'attention des astronomes.

Tels sont les deux arguments *a priori.*

Il m'a paru que les géologues se servaient volontiers de l'argument astronomique, et que les astronomes employaient de préférence l'argument géologique.

CHAPITRE II.

Premières preuves directes du déplacement polaire. — Abondance des terres émergées au voisinage des pôles. — Phénomènes d'érosion. — Figure de la terre. — Faible proportion des antipodes terrestres. — Leur distribution.

Je vais donner des preuves directes du déplacement polaire. Ce chapitre contient trois preuves qui se rapportent à la forme du globe. La première a trait à la présence de terres émergées au voisinage des pôles ; — la seconde, à la déformation remarquable de notre planète ; — la troisième, à la distribution géographique des antipodes.

Des terres voisines des pôles. — D'après M. Balbi, la surface totale de notre planète est de 509.950.820 kilomètres carrés, se divisant ainsi :
Mers, 380.210.698 kilomètres carrés,
Terres, 129.740.122 kilomètres carrés.
Se servant de nombres très-simples, on peut

dire que la surface du globe étant égale à *quatre*, elle se compose de *trois* de mer et de *un* de terre. Il y a trois fois plus de mer que de terre à la surface du globe.

Les terres ne sont pas également réparties entre les différentes zones. Il y a manque de terres entre les tropiques. Il y a excès de terres vers les pôles.

On estime qu'il y a autant de terre que de mer aux deux calottes polaires, limitées par le 60ᵉ degré de latitude (1). Assurément cette proportion n'a rien d'absolument certain, puisqu'il s'agit des portions du globe les moins explorées. Les régions très-proches du pôle sud nous sont inconnues. On a signalé une longue suite de rivages qui forment comme un cercle compris entre le 65° et le 70ᵉ degrés de latitude. On ignore ce qui se trouve au-delà. Les deux pôles ne sont probablement pas également continentaux. Il se peut qu'au total il y ait aux calottes polaires, comptées à partir du 60ᵉ degré, plus de terre que de mer, ou plus de mer que de terre. On n'en est pas moins fondé, d'après ce que nous connaissons, à affirmer que la surface des terres, vers les pôles, dépasse la proportion normale.

Ceci posé, examinons ce qui arriverait si l'axe du globe demeurait fixe. Pour plus de clarté, je

---

(1) Lyell, *Principes de Géologie*, Paris, 1873, t. I, p. 324.

suppose, en premier lieu, qu'il n'y ait pas de soulèvements et d'affaissements lents des continents relativement au niveau marin.

Les agents d'érosion — parmi lesquels la pluie, les cours d'eau, les éboulements, les gelées, les glaciers, les vagues sur les grèves, — vont tendre à diminuer la surface et la hauteur de toutes les terres émergées. Toutes les matières qui, par les fleuves ou autrement, seront arrivées jusqu'au-dessous du niveau de la mer, n'auront presque aucune chance d'en revenir jamais. On a calculé que le Gange, à lui seul, amenait chaque année dans la mer du Bengale un poids de limon équivalant à plus de 355 millions de tonneaux (1). D'après ce taux, on peut évaluer ce qu'il faudrait d'années à ce seul fleuve pour verser à l'océan une fraction de continent de la valeur de l'Italie ou de l'Espagne.

Ainsi, toutes les terres vont être progressivement diminuées. Mais celles qui tendront le plus rapidement à disparaître seront les terres polaires. Les autres terres seront protégées par la végétation, compensées même dans une petite mesure par les débris des végétaux. Rien de semblable au voisinage du pôle. En outre, l'action dénudante des glaciers est énorme ; — à preuve les

---

(1) Lyell, d'après Everest, *Principes de Géologie*, Paris, 1873, 1er vol., page 632.

torrents limoneux qui s'échappent des glaciers des Alpes, et le limon autrement abondant fourni par les glaciers colossaux du Groënland que Rink a décrits ; — à preuve la masse du lœss de la vallée du Rhin, ce produit de l'érosion des Alpes, qui date de la dernière période glaciaire (1).

Toutes les terres seront progressivement diminuées, et les terres polaires disparaîtront les premières. Elles disparaîtront non-seulement jusqu'au niveau marin, mais encore jusqu'à une certaine profondeur, parce que leurs saillies seront abattues et leurs débris roulés par les glaces flottantes.

Maintenant, faisons intervenir les soulèvements et les affaissements séculaires du sol, ces mouvements qu'on compare à une respiration rhythmée ; admettons que, l'axe étant toujours fixe, le sol érodé des continents polaires tende périodiquement à se rehausser au-dessus de la mer. N'est-il pas évident qu'à chaque fois les agents d'érosion en ôteront une partie ? N'est-il pas évident qu'à chaque descente le sol descendra plus bas, qu'à chaque ascension il montera moins haut et moins vaste ? N'est-il pas évident que, malgré l'irrégularité possible du rhythme respiratoire, après quelques millions de siècles, aucune terre ne pourra plus surgir au voisinage des pôles ?

____

(1) LYELL, *Ancienneté de l'homme*, Paris, 1870, page 358 et suiv.

Si l'axe est fixe, l'existence des continents polaires est bien difficile à expliquer.

Si l'axe, au contraire, se déplace, il est très-naturel que la proportion des terres soit plus grande au voisinage des pôles qu'ailleurs sur le globe. A mesure du déplacement de l'axe, les mers se renflent au nouvel équateur et fuient les nouveaux pôles. Ce sont des continents successifs que ronge la présence du pôle.

L'importance des continents polaires actuels peut même donner un vague aperçu de la lente vitesse du déplacement polaire.

La différence entre le plus grand et le plus petit rayon du globe est d'environ 21 kilomètres. Cette mesure se rapporte au niveau marin. Si le pôle se transportait subitement de 90 degrés, s'il changeait de place avec l'équateur ; — les terres formeraient aux nouveaux pôles une saillie qui n'égalerait pas les 21 kilomètres, parce que cette grandeur serait diminuée de l'aplatissement de la masse solide du globe, mais la saillie serait probablement encore énorme, et un continent compact occuperait toute la calotte polaire.

On comprend par là que, si le pôle se mouvait avec une grande vitesse, les continents polaires seraient extrêmement étendus et élevés. Se mouvant avec une lenteur également extrême, le pôle n'aurait aucune terre à son voisinage.

L'importance des continents polaires est proportionnée à la vitesse du déplacement du pôle. Il y a nombre de milliers d'années que l'érosion polaire agit sur les terres voisines des pôles, puisque le relief de ces terres ne paraît pas exceptionnel sur le globe.

En résumé :

L'existence des terres polaires infirme la fixité de l'axe.

Leur existence, leur étendue, et le défaut des terres dans les régions tropicales sont expliqués par le déplacement de l'axe.

Notons encore que, d'après les sondages exécutés dans les différents océans, les mers équatoriales paraissent notablement plus profondes que les mers voisines des pôles ; — ceci vient à l'appui de ma théorie.

Déformation de la sphère. — Après que Huyghens et Newton eurent annoncé que la terre, que l'on croyait sphérique, était un ellipsoïde de révolution aplati aux pôles, — on s'occupa, en France d'abord, de trouver l'aplatissement terrestre à l'aide de mesures de degrés de méridiens.

Le problème s'annonçait assez simple. Les méridiens du globe paraissaient devoir être des ellipses parfaites et égales entre elles. Il ne s'agissait que de connaître la forme exacte de l'une quelconque de ces ellipses. Connaissant les longueurs de deux degrés pris en des points différents de la courbe, et connaissant leur situation, on pouvait déterminer l'ellipse.

On allait voir que la forme de la terre est autrement compliquée.

L'arc de France combiné avec l'arc du Pérou donnait un aplatissement égal à la 368ᵉ partie du rayon terrestre. L'arc de France combiné avec l'arc de Laponie donnait un aplatissement du 320ᵉ. De nouveaux arcs mesurés donnaient, par de nouvelles combinaisons qu'on formait entre eux, des résultats toujours différents, et parfois accusaient des divergences considérables.

Il fallut reconnaître que notre planète n'est pas un simple ellipsoïde de révolution.

La triangulation de l'Inde révéla une particularité remarquable. La courbure de cette région est telle qu'on la concevrait si le globe était, non aplati, mais allongé dans le sens des pôles; — telle encore, et ceci revient au même, qu'elle se présenterait si l'équateur passait au nord de cette presqu'île au lieu de passer au sud.

Pendant que se multipliaient les mensurations de degrés, des études plus faciles et plus nombreuses furent faites à l'aide du pendule.

Jacobi ayant démontré qu'un globe liquide en

rotation peut, à la rigueur, être un ellipsoïde à trois axes inégaux, on chercha à concilier le plus grand nombre des observations avec la conception de Jacobi. Schubert proposa d'attribuer à l'équateur la forme d'une ellipse dont les pôles, aplatis chacun de 718 mètres, se fussent trouvés : l'un vers l'embouchure de l'Amazone, l'autre au nord de l'Australie. Le colonel Clarke proposa des pôles équatoriaux aplatis chacun de 1946 mètres, et les plaça : l'un au sud de l'isthme de Panama, l'autre parmi les îles de la Sonde.

On ne peut pas nier que la terre ressemble davantage à un ellipsoïde à trois axes inégaux qu'à l'ellipsoïde à équateur circulaire. Mais telle n'est pas encore sa forme véritable. La surface terrestre est plus compliquée. Les parallèles, probablement sans en excepter aucun, sont comme l'équateur déformés par des aplatissements ; seulement, les lignes qui passeraient par tous les pôles des parallèles ne paraissent pas être des grands cercles de la sphère.

On s'accorde à penser que les irrégularités du globe suivent certaines règles, qu'elles se disposent symétriquement par rapport au centre du sphéroïde, — à preuve, les pôles équatoriaux qu'on place aux extrémités d'un même diamètre terrestre (1).

____

(1) Voyez notamment Élisée RECLUS, *La Terre*, t. I, p. 3.

Si les choses sont ainsi, le déplacement de l'axe de rotation rend compte de la déformation de la sphère.

Le pôle, se mouvant à la surface du globe, doit laisser derrière lui un large chemin creux, soit parce qu'il érode les matériaux solides, soit parce qu'il les déforme. L'équateur doit renfler les lieux où il passe, soit parce qu'il permet les dépôts au fond des mers, soit parce qu'il dilate la masse terrestre.

Quand l'océan couvre le sillon polaire ou les saillies laissées par l'équateur, son niveau accuse encore ces différences dans une certaine mesure, — car la verticale est déviée par les masses pesantes, et le niveau marin suit les déviations de la verticale.

Si nous connaissions exactement la forme du globe, nous pourrions peut-être définir la trajectoire polaire.

Les antipodes. — Avec tout le soin dont je suis capable, j'ai dressé une carte des antipodes où j'ai inscrit jusqu'aux moindres écueils isolés signalés par les cartes les meilleures. J'en ai fait faire une réduction, forcément bien restreinte, pour l'annexer à l'impression du présent travail. Que le lecteur veuille bien regarder cette carte réduite.

Le cercle extérieur est l'équateur. Le centre du cercle est tout à la fois le pôle nord et le pôle sud. Un point quelconque de la carte est placé au même lieu que son antipode.

Les terres de l'hémisphère nord comprennent les parties teintées en jaune, plus les parties teintées en carmin.

Les terres de l'hémisphère sud comprennent les parties teintées en bleu, plus les parties teintées en carmin.

Les parties teintées en carmin représentent les terres qui ont pour antipodes des terres.

Imaginons que j'aie tracé les deux hémisphères séparément, chacun sur un papier transparent et avec la même échelle, — que je tourne le dessin de l'hémisphère sud de manière à le voir par le verso et que je l'applique sur le dessin de l'hémisphère nord — en sorte que le 180ᵉ degré de l'équateur du dessin sud coïncide avec le zéro de l'équateur du dessin nord, et réciproquement, que les deux pôles soient superposés, ainsi que les cercles des parallèles ;—j'obtiendrai par ce moyen exactement la figure représentée par la carte. Je crois superflu d'expliquer que chaque point du globe coïncidera avec son antipode. Voilà pourquoi sur la carte, les terres de l'hémisphère nord sont vues directement, comme les verrait un observateur placé hors du globe : —pourquoi les terres de l'hémisphère sud sont vues renversées, comme à travers le transparent tourné au verso ; — et pourquoi les portions sud de l'Afrique et de l'Amérique sont reportées à 180 degrés des portions nord des mêmes continents.

S'il est vrai que les pôles et l'équateur se déplacent sur le globe, il doit en résulter une disposition particulière des terres émergées.

Un sillon polaire est l'antipode d'un autre sillon polaire ; les saillies laissées par l'équateur sont antipodales, deux à deux. Il semble donc que les creux doivent avoir pour antipodes des creux, et que les saillies doivent avoir pour antipodes des saillies. En d'autres termes, il semblerait que les antipodes des terres de l'hémisphère sud doivent s'inscrire sur les terres de l'hémisphère nord. Un simple regard jeté sur la carte montre qu'il n'en est rien ; — la surface carminée est petite.

J'ai estimé que la surface totale du carmin égalait quatorze fois la surface de la péninsule ibérique. Pour arriver à ce chiffre, j'ai évalué à trois fois la surface de la péninsule ibérique les terres qui, au voisinage du pôle, auraient pour antipodes des terres si les contrées polaires étaient connues.

Si le hasard pur et simple avait présidé à la distribution des terres et des mers, la surface totale du carmin eût été sensiblement double, c'est-à-dire égale à vingt-huit fois la péninsule ibérique (1).

Et si le déplacement polaire avait eu pour effet de placer les terres de l'hémisphère sud aux antipodes des terres de l'hémisphère nord, la surface carminée eût été considérablement plus grande que celle donnée par la répartition des terres au hasard.

La surface carminée est petite, parce que le centre de gravité du globe ne coïncide pas avec son centre de figure, — et parce que le déplacement polaire porte dans certains cas les saillies aux antipodes des creux, et réciproquement. Examinons successivement ces deux points.

Défaut de coïncidence des centres. — Les déviations de la verticale, que l'on a observées même en pays de plaine, — par exemple en France, en Angleterre, en Russie, — prouvent que la composition intérieure du globe présente des densités irrégulières. Parfois, au voisinage de montagnes qui devraient l'attirer, la verticale est repoussée. C'est ainsi qu'un astronome des plus connus (2) a pu sérieusement demander à des géologues s'ils ne croyaient pas que les Pyrénées fussent vides. L'irrégularité de composition

---

(1) Ce calcul est exposé dans la note C, page 250.
(2) M. Leverrier, au congrès de la Sorbonne, en 1876.

intérieure du globe amène facilement le défaut de coïncidence des deux centres.

On sait aussi que par un certain grand cercle de la sphère, on divise le globe en deux hémisphères, dont l'un contient presque toutes les terres émergées. Le diamètre de la sphère, perpendiculaire au plan de ce grand cercle, aboutit : d'une part, proche du cap Lizard, au sud-ouest de l'Angleterre, sur le 50° degré de latitude et le 7° de longitude ouest ; — d'autre part, au sud de la Nouvelle-Zélande, sur le 50° degré de latitude et le 173° de longitude est. Les mers ainsi attirées sur une face du globe montrent bien que le centre de gravité ne coïncide pas avec le centre de figure (1).

Suivant mes estimations, l'hémisphère terrestre contient trois de terre et quatre d'eau ; l'hémisphère aqueux contient onze fois autant d'eau que de terre. On peut calculer ce que le hasard donnerait de surface carminée en tenant compte de ces nouvelles conditions (2). Le total est égal à neuf fois la surface de la péninsule ibérique ; il est sensiblement inférieur au total réel.

Si toutes les terres de l'hémisphère aqueux se dessinaient en carmin sur l'hémisphère continen-

---

(1) La note D, page 254, explique la situation des deux centres.

(2) Ce calcul est exposé dans la note E, page 257.

tal, la surface carminée serait égale à trente-sept fois la péninsule ibérique.

Effets du déplacement polaire. — A mesure que se déplace l'axe de rotation, la masse solide du globe se déforme afin de posséder constamment la figure d'un ellipsoïde aplati aux pôles. La portion de l'axe de rotation comprise dans l'intérieur de la planète tend à être divisée en deux longueurs égales par la position du centre de gravité. Il en est de même de tous les autres diamètres du sphéroïde, mais tous ne tendent pas avec la même puissance à avoir le centre de gravité à leur point milieu ; — la plus grande puissance, si je puis m'exprimer ainsi, appartient au diamètre polaire et aux diamètres qui aboutissent au voisinage des pôles.

Considérant que la force qui aplatit le globe aux régions polaires est égale et contraire à celle qui le dilate vers l'équateur ; — considérant la différence de grandeur des surfaces terrestres où s'opèrent la réduction de volume et l'augmentation de volume ; — on arrive à cette conclusion que la force qui sollicite la déformation du globe au pôle est sensiblement double de la force qui sollicite la déformation en un point de l'équateur. Dans les zones moyennes, la force est moindre qu'à l'équateur.

Lorsque le diamètre qui passe par les pôles est divisé en deux longueurs égales par le centre de gravité, les pôles dépriment également la masse terrestre. Lorsqu'au contraire le diamètre polaire est divisé en longueurs inégales, ce diamètre se déplaçant, cause une dépression plus profonde à l'une de ses extrémités, et renfle le globe à l'extrémité opposée ; — de cette manière, une saillie a un creux à son antipode.

Ce que j'ai dit du grand cercle qui divise le globe en hémisphère aqueux et hémisphère terrestre fait comprendre que les diamètres du globe situés dans le plan de ce grand cercle, ou dans des plans voisins, sont divisés en longueurs sensiblement égales par le centre de gravité ; — qu'au contraire, les diamètres qui s'écartent beaucoup de ce plan sont divisés en longueurs sensiblement inégales. D'où ces deux règles :

1° Au voisinage du grand cercle, les saillies ont souvent pour antipodes des saillies, et les creux, des creux ;

2° En dehors de la zone du grand cercle, les saillies ont souvent pour antipodes des creux, et réciproquement.

Il y aura des exceptions à ces règles :

Parce que le globe présente dans sa composition des densités inégales, — lesquelles empêchent que les diamètres terrestres puissent être divisés exactement à leur milieu par le centre de gravité, — lesquelles aussi, causent des déviations du niveau marin, par conséquent des immersions et des émergences qui changent l'aspect de la carte ;

Parce que les mers affluent à l'équateur et fuient les pôles ; — que les mers profondes de l'équateur noient des terres qui, sans le voisinage de l'équateur, montreraient des saillies antipodales ; — que les mers peu profondes des régions polaires découvrent de vastes étendues de terrains et fournissent des antipodes terrestres (surfaces carminées) qui n'existeraient pas sans le voisinage du pôle ;

Parce que les volcans produisent accidentellement des coulées qui donnent naissance à des terres émergées ;

Parce que les coraux constructeurs édifient des îles.

Il est sans doute encore d'autres causes d'exceptions ; je n'ai pas la prétention de les avoir trouvées toutes. Si, malgré l'importance qu'il faut attribuer aux exceptions, mes règles se trouvent vérifiées, on conviendra qu'un argument d'un grand poids aura été gagné à ma théorie.

VÉRIFICATION. — Le grand cercle qui divise le globe en hémisphère aqueux et hémisphère ter restre, est figuré sur la carte des antipodes par un arc de cercle, lequel rencontre l'équateur au 97e degré de longitude ouest et au 83e degré de longitude est. La moitié du grand cercle située dans l'hémisphère nord est antipodale de la moitié située dans l'hémisphère sud ; — sur la carte, les deux moitiés se recouvrent.

L'hémisphère terrestre comprend : toutes les terres de l'hémisphère nord situées dans la portion inférieure de la carte, du côté de la concavité de l'arc de cercle, — plus les terres de l'hémisphère sud situées dans la portion supérieure de la carte.

L'hémisphère aqueux comprend les terres de l'hémisphère sud situées au-dessous de l'arc de cercle — plus les terres de l'hémisphère nord situées au-dessus.

La plus grande portion de la surface carminée s'inscrit dans l'Amérique du Sud. Or, l'Amérique du Sud est précisément coupée par le grand cercle de séparation des hémisphères aqueux et terrestre. Le grand cercle la prend en écharpe, — d'un point peu distant de la ville d'Arica, située au sud du Pérou, — au nord de la lagune dos Patos, située au sud du Brésil ; il passe à peu près à égale distance des extrémités nord et sud de cette partie du monde. On remarque une très-forte proportion d'antipodes terrestres dans la portion de l'Amérique du Sud située au sud du grand cercle, une proportion beaucoup moindre dans l'autre portion ; mais, dans cette dernière portion passe l'équateur, lequel, nous l'avons vu, diminue l'importance des antipodes terrestres. Les mers qui baignent Bornéo, Sumatra, Java, Célèbes, sont peu profondes ; si l'équateur se retirait à quelque distance, leur niveau baisserait ; ainsi s'accroîtrait la surface carminée dans la portion nord de l'Amérique du Sud.

Les antipodes terrestres abondent sur la ligne de la Cordillière des Andes ; les saillies correspondent aux saillies. Cependant, à mesure qu'on s'éloigne de la ligne du grand cercle, la loi qui veut que les saillies aient pour antipodes des dépressions, commence à se manifester. Au nord de l'Amérique du Sud, les antipodes de Java, de Madura, de Bali, de Lombock, de Sumbawa, se placent au plus profond des bassins de l'Orénoque et de l'Apure. La Sierra Paracaima, qui limite au nord le bassin de l'Amazone, n'est recouverte par aucun antipode. L'antipode de Bornéo s'étend sur le Cassiquiare et sur la large plaine où coulent le Rio-Negro, le Yapura et l'Amazone réunis par des igarapés. L'antipode de Célèbes occupe la dépression où coulent côte à côte les affluents de l'Essequebo et du Rio-Branco ; Célèbes semble écarter ses digitations pour laisser place aux sierras de Tumucucuraque et d'Acarai ; sa digitation la plus méridionale occupe le bassin de l'Amazone. Les îles plus petites qui pullulent de Java à Ceram et Gilolo semblent également éviter les lignes de faîte. A l'extrémité sud du continent les saillies paraissent encore rechercher les dépressions ; ainsi l'antipode de la Terre de Feu tombe dans le bassin du lac Baikal, et l'antipode des Malouines dans le bassin de l'Amour.

A mesure qu'on s'écarte de l'équateur, il semble que la tendance des antipodes à chercher les dépressions ne se manifeste qu'à une plus grande distance de la ligne du grand cercle ; c'est parce que le niveau marin baissant rend les terres plus vastes et marque moins bien la place des saillies.

En dehors de la région que nous venons d'examiner, le grand cercle ne rencontre plus aucun continent ni aucune terre importante ; les bassins de l'Atlantique et de la mer des Indes forment antipodes au bassin du Pacifique.

A une distance d'environ 15 degrés du grand cercle, les antipodes des îles Hawaii s'inscrivent dans le sud de l'Afrique. Ils semblent déjà rechercher les dépressions : ils coïncident avec le bassin du lac N'gami et la vallée de l'Omoramba.

La Georgie du Sud a son antipode en partie sur la pointe nord de l'île de Saghalien et en partie dans la mer d'Okhotsk. L'archipel nommé terre de Sandwich a pareillement ses antipodes divisés entre la mer d'Okhotsk et. la Sibérie. Il semble y avoir indifférence. Ces antipodes sont un peu plus distants du grand cercle que les îles Hawaii; mais nous avons vu que l'indifférence se montrait plus loin du grand cercle à mesure qu'on s'approchait du pôle.

La large surface de l'Amérique du Nord ne reçoit que quatre antipodes : la Terre d'Enderby, la Terre de Kerguélen, l'île Saint-Paul et l'île Amsterdam. Ces deux dernières îles sont très-petites. Seule la Terre d'Enderby peut avoir de l'importance par sa grandeur. Elle est plus distante du grand cercle que les trois autres terres; son antipode tombe dans la dépression formée par le lac du Grand-Ours et la vallée du Mackensie. Les trois autres antipodes se dessinent en des lieux situés presque à la même hauteur au-dessus du niveau de la mer, au pied des montagnes Rocheuses, vers le haut de la longue pente de prairies qui s'étend à l'ouest du Missouri et du Mississipi.

En résumé, la zone du grand cercle coupe l'Amérique du Sud et la partie sud-est de l'Asie : ces deux régions sont antipodales et fournissent la majeure partie du total des antipodes terrestres; — elle n'intéresse qu'à un faible degré l'Afrique et l'Amérique du Nord, et cependant y laisse des traces de son action spéciale ; — enfin, son long trajet sur l'océan Pacifique a pour antipodes l'océan Atlantique et la mer des Indes.

Les régions qui présentent la plus grande abondance d'antipodes terrestres sont celles que les mesures géodésiques désigneraient comme formant les pôles secondaires du globe.

Il nous reste à examiner les deux calottes sphériques situées en dehors de la zone d'action du grand cercle. J'ai annoncé qu'on y trouverait souvent des dépressions aux antipodes des saillies.

L'Australie en fournit peut-être l'exemple le plus frappant. Son antipode tombe précisément au centre du lieu le plus large de l'Atlantique, entre l'Afrique et les deux Amériques, et ses contours paraissent guidés par ceux de son bassin. Sa côte nord-ouest est parallèle à la côte nord-est de l'Amérique du Sud ; avec une légère modification, cependant, au voisinage des petites Antilles, lesquelles semblent lui creuser un golfe. Sa côte occidentale est comme arrêtée par les Bermudes. Le grand golfe du sud s'ouvre en face des bancs de Terre-Neuve. La pointe que forme l'Australie avec la Terre de Van-Diemen proémine dans la direction où s'ouvre l'Atlantique ; et le détroit de Bass semble déterminé par la présence des îles les plus avancées de l'archipel des Açores. Sa côte orientale se bombe dans l'espace laissé libre par les Açores, Madère, les Canaries et les îles du Cap-Vert. Remarquons enfin que les diverses chaînes de montagnes de la grande île coïncident assez bien avec les vallées de plus grande profondeur de l'Atlantique. Aucun antipode ne tombe dans l'intérieur de l'Australie, si ce n'est celui de l'écueil appelé les Fausses-Bermudes; l'antipode des Bermudes en est bien proche. Les vraies Bermudes et les fausses Bermudes sont des îles madréporiques qui forment comme de hautes colonnes dressées sur le fond de l'Océan. Les saillies qui servent de piédestal aux colonnes, les saillies véritables, restent loin au-dessous du niveau de la mer.

Mais voici une exception singulière. La Nouvelle-Zélande, située très-loin du grand cercle, entre le centre de la calotte sphérique et l'équateur, en un mot, le mieux possible pour que, suivant la loi, ses antipodes ne rencontrent pas des terres, — a cependant ses antipodes placés en diagonale sur la péninsule ibérique. Une moitié presque de Tavai-Pounamou, l'île méridionale, empiète sur la péninsule espagnole, elle y pénètre par le cap Ortegal, et s'arrête vers le nœud formé par la Sierra de Avila, la Sierra de Francia et la Sierra de Gredos. Ce nœud se place entre les deux îles, dans la portion occidentale du détroit de Cook. L'antipode de Ika-Na-Mauwi, l'île du

nord, continue la diagonale à travers l'Espagne,
il s'étend jusqu'au pied de la Sierra Nevada, laquelle contient les plus hautes montagnes de la
péninsule. L'antipode de la Sierra Nevada tombe
dans la baie d'Abondance; à l'est et au sud s'é-
tendent les deux grands caps de l'île: l'un aboutit vers Carthagène, l'autre, passant sur Gibraltar,
s'étend dans l'Atlantique en se juxtaposant au
Maroc.

Que la Nouvelle-Zélande soit une terre de nature très-volcanique, ne me paraît pas une raison
suffisante pour expliquer la disposition de ses
antipodes. Il n'est pas impossible que les diamètres terrestres, qui d'une part aboutissent à
l'Espagne et d'autre part à la Nouvelle-Zélande,
soient divisés en longueurs à peu près égales par
le centre de gravité du globe.

Proche de la Nouvelle-Zélande sont l'île Cha-
tam et le groupe d'écueils connus sous le nom de
groupe de Bounty. Leurs antipodes tombent en
France, et ne semblent pas non plus fuir les saillies.

Telles sont les seules exceptions notables à la
règle que j'ai fixée. Aucun autre antipode ne
tombe en Europe. L'antipode de l'île Antipode est
dans la Manche, près de Quettehou. L'antipode
de l'île Campbell est proche de l'Irlande, vers
l'embouchure du Shannon. Le groupe de Lord

Auckland et le groupe de Macquarie ont leurs antipodes plus loin dans l'Atlantique.

Les antipodes des îles de la Polynésie sont presque tous inscrits dans l'Afrique du nord et dans l'Arabie; mais ils évitent les massifs montagneux : l'Atlas, les montagnes de Kong, les montagnes de l'Abyssinie. Ils s'inscrivent dans la grande dépression intermédiaire, qui fut une mer à une époque géologique récente, et dans le désert d'Arabie qui semble le prolongement du Sahara. Les îles madréporiques de la Polynésie se sont exhaussées à mesure que s'élevait le niveau de leur océan; je puis dire d'elles ce que j'ai dit des Bermudes.

Dans les régions les plus orientales de l'océan Pacifique, sont quelques îles et quelques récifs qui ont leurs antipodes sur le continent d'Asie. Mais déjà ces points se rapprochent du grand cercle. Les plus éloignés du grand cercle : l'île de Pâques, l'île Salas y Gomez et quelques écueils, forment leurs antipodes dans les lieux bas des bassins de l'Indus et du Gange. Les plus voisins du grand cercle : Saint-Félix et Saint-Ambroise, Mas-a-tierra et Mas-a-fuera, forment leurs antipodes en des lieux de la Chine relativement élevés.

Je n'ai pas cru devoir, malgré l'exemple de Lyell, dessiner au voisinage des pôles les terres non encore découvertes. Je m'en suis tenu aux documents les plus sûrs. Il règne encore des désaccords considérables en ce qui concerne les terres du pôle sud. On pourra en juger si l'on veut comparer les cartes de l'atlas de Dufour avec les cartes de l'atlas de Stieler et celles contenues dans l'ouvrage *la Terre* de M. Elisée Reclus.

En dépit de ce peu de certitude, et malgré que les régions polaires soient mal baignées par l'océan, leurs antipodes paraissent suivre les règles générales. La région du pôle nord se rapproche de la zone du grand cercle par sa partie voisine de l'océan Pacifique. Dans cette partie déjà, les antipodes recherchent les dépressions. L'antipode de la Terre d'Enderby, nous l'avons vu, se place sur le lac du Grand-Ours et la vallée du Mackensie. L'antipode des îles Powell tombe sur le cours de l'Aldan, le principal affluent de la Lena. Les antipodes de l'archipel des Nouvelles Schetland du Sud, de la Terre de Louis-Philippe, de la Terre de Palmer, de la Terre de Graham, tombent tous dans le bassin de la Lena. Dans la partie de la calotte polaire la plus distante du grand cercle, les antipodes des terres du pôle antarctique tombent presque tous dans la mer. L'antipode de la Terre Victoria, si on admet qu'elle se prolonge depuis les îles Balleny jusqu'aux monts Erebus et Terror, se place entre le

Spitzberg et la côte du Groënland. Les antipodes des monts Ringgold et Reynold et de la baie Peacock viennent entre le Groënland et l'Islande. L'antipode de la Terre Adélie empiète probablement sur le Groënland ; mais il s'agit ici d'une portion du Groënland inexplorée, et dont la côte est figurée en pointillé sur les cartes. L'antipode des monts Tottens tombe dans le détroit de Davis ; et celui de la Terre Knox, dans le canal Fox.

J'aurai terminé cette rapide revue des antipodes quand j'aurai dit que bon nombre d'îles et d'archipels, situés hors de la zone du grand cercle, semblent repousser de leur entourage les marques antipodales. Tels sont : l'archipel du Cap Vert, l'île Fernando Noronha, l'île de l'Ascension, l'île Sainte-Hélène, l'archipel Salomon, l'archipel Gilbert.

Les terres, je crois l'avoir montré, sont distribuées avec un ordre spécial à la surface de la terre. Cet ordre dépend de plusieurs causes, parmi lesquelles le déplacement de l'axe de rotation du globe.

CHAPITRE III.

LES MOUVEMENTS SÉCULAIRES.

Ce que sont les mouvements séculaires. — Hypothèses émises.
— Dénivellations observées. — Signes fournis par les constructions coralliennes.

Les mouvements séculaires. — En nombre de
lieux on a observé que le niveau marin varie lentement sur les rivages. Des ports, autrefois profonds,
sont aujourd'hui loin de la mer. Ailleurs, des
édifices, construits certainement hors de la portée des vagues, sont maintenant submergés. Ces
mouvements lents sont appelés mouvements séculaires du sol. On pense que c'est le sol qui s'élève
et s'affaisse, et non la surface océanique, parce
qu'on admet la fixité de l'axe du globe.

Depuis que Constant Prévost et Lyell ont montré la réalité et l'importance des actions lentes en
géologie, quelques géologues français, à peine,
sont restés fidèles à la théorie des cataclysmes.

On admet généralement que les oscillations lentes
du sol ont permis l'accumulation des sédiments
au fond des mers, et ont relevé les roches d'origine marine jusqu'aux hauteurs, parfois considérables, où on peut les observer. On a vu (1) des
couches à fossiles marins à des élévations de plus
de 2,400 mètres dans les Pyrénées, de 3,000 mètres
dans les Alpes, de 3,900 mètres dans les Andes,
de 5,400 et même d'après le colonel Strachey de
5,600 mètres dans l'Himalaya. Les mouvements
lents du sol sont l'une des bases de la géologie ;
ils expliquent la formation des roches, leur superposition dans l'ordre naturel, la conservation de
l'horizontalité des couches, et même leur obliquité
ou leur renversement. On a tendance à admettre
qu'ils durent, incessants, depuis les époques les
plus anciennes et qu'ils s'exercent sur tous les
points de ce qu'on nomme la croûte terrestre.
Enfin, quand on se trouve en présence d'une multiplicité de couches distinctes, marines, lacustres,
à faunes et à flores diverses, intercalées, on ne
recule pas devant la conception des immersions
et des émersions répétées.

Tout ceci ne manque pas de logique. Il s'agit
simplement de savoir quelle force plongerait lentement les continents sous les eaux, et les relè-

---

(1) Lyell, *Éléments de Géologie*, 6e édit., 1er vol., page 6.

verait pour les plonger encore. Sur ce point, la plupart de géologues se taisent.

Quelques-uns, à la suite de Berzelius, disent que les oscillations lentes du sol sont causées par des accidents de ruptures dans les couches intérieures du globe, ou des tassements, ou parlent de phénomènes de nature volcanique. Qu'à la suite d'une rupture, ou d'un tassement, ou de l'émission d'une forte quantité de lave, un point déterminé de la surface du globe puisse s'abaisser au-dessous du niveau de la mer, qu'à la rigueur ce mouvement soit lent, et dure quelques milliers d'années, ceci est concevable. Mais comment le terrain immergé se relèvera-t-il ? Et comment le double mouvement d'immersion et d'émersion pourra-t-il se reproduire le nombre de fois nécessaire pour donner l'explication du nombre des couches superposées ? Notons encore qu'il ne s'agit pas d'un point exceptionnel, mais de presque toute la surface des terres, — sans compter ce que la mer nous cache.

Lyell (1) voyait la cause des variations du niveau du sol dans des modifications hydro-thermiques ou des liquéfactions et des solidifications de roches qui s'accompliraient dans les profondeurs du globe. De telles forces sont aussi hypothétiques

____

(1) *Princ pes de Géologie*, Paris, 1873, t. II, page 253.

que les précédentes, et les mêmes objections leur sont applicables. Lyell lui-même ne paraissait pas croire beaucoup à leur efficacité.

En somme la science est restée impuissante à dire la cause des variations lentes du niveau du sol, — parce qu'elle est entrée dans une impasse, parce que admettant la fixité de l'axe, il faut faire osciller uniquement les assises solides du globe.

Je crois pouvoir, par l'étude de l'ensemble des mouvements séculaires et par l'étude de quelques particularités présentées par ces mêmes mouvements, montrer que les océans ont la plus grande part dans les oscillations, et que les dénivellations lentes sont dues au déplacement de l'axe terrestre.

Lieux et sens des mouvements séculaires. — Dans l'énumération qui va suivre, j'ai pris pour guide principal le remarquable travail de M. Élisée Reclus (1) ; j'ai pris accessoirement des renseignements dans les ouvrages de Lyell, *Ancienneté de l'homme* et *Principes de Géologie ;* de M. Darwin, *Voyage d'un naturaliste ;* dans les *Bulletins de la Société de Géographie ;* dans les œuvres de MM. Delesse, Le Gras, Girard, Bourlot, Contejean, Maury et Sonrel ; enfin, dans les trai-

---

(1) *La Terre,* fin du 1er volume.

tés de géographie de MM. Malte-Brun et Grégoire.

Beaucoup d'observations, malheureusement, sont données et répétées sans preuves à l'appui, ou accompagnées de preuves insuffisantes. Il n'est pas rare que les preuves alléguées soient au-dessous de l'insuffisance. Ainsi, des auteurs disent : « La preuve que telle région est en voie de soulèvement, c'est qu'il y a des fossiles au sommet de ses montagnes. » On comprend que les pays en voie d'affaissement possèdent généralement aussi des fossiles au sommet de leurs montagnes.

ZONE BORÉALE. — L'Écosse est en voie d'émergence. Ce fait est prouvé par la muraille d'Antonin, dont chaque extrémité est à 8 mètres environ au-dessus du niveau de la mer ; — par la situation reculée dans les terres des anciens ports romains d'Inveresk et de Cramond (Alaterva) ; — par des plages à coquilles marines d'espèces littorales vivantes, élevées au-dessus des flots ; — par les canots, les ancres, les squelettes de baleines, etc., retrouvés loin des rivages actuels. Quelques auteurs donnent comme preuve de l'émergence présente du pays de Galles les coquilles d'espèces septentrionales découvertes à plus de quatre cents mètres de hauteur proche de Snowdon. Ce dépôt doit être rapporté aux temps glaciaires ; une telle preuve n'est donc pas recevable. D'après M. Robert Chambers, les lignes des plages soulevées en Écosse seraient toutes sensiblement parallèles au niveau de la mer. En somme, il est certain que l'Écosse émerge, mais il n'est pas certain que l'île de la Grande-Bretagne tout entière soit en voie d'émergence.

La péninsule scandinave est peut-être le lieu du globe le mieux étudié au point de vue du sens actuel des mouvements séculaires. Les dénivellations y ont été notamment observées à l'aide de marques de niveau inscrites sur les rochers. Prise dans son ensemble, la péninsule émerge, mais d'un mouvement d'autant plus irrégulier qu'on s'écarte davantage de la principale chaîne de montagnes. Des travaux du professeur Keilhau, de Christiania, il résulte que la côte de Norvége, du cap Lindeness jusqu'à la forteresse de Wardhuus, plus loin que le cap Nord, émerge avec lenteur et uniformité ; les terrasses soulevées gardent une hauteur uniforme au-dessus de la mer sur toute la longueur du rivage. Les terrasses seraient un peu plus hautes à la côte sud-est, dans le golfe de Christiania. Les bords du golfe de Bothnie se soulèvent inégalement. Au nord du golfe, les apports des rivières limoneuses masquent le mouvement réel des terrains. C'est sur la côte de Suède, vers Gèfle, qu'on aurait observé le soulèvement le plus rapide ; il serait compris entre 60 et 90 centimètres par siècle. A Stockholm l'émergence ne serait que de 15 millimètres par siècle ; à Södertelje, situé très-près de Stockholm, et au sud, le rivage est depuis très-longtemps immobile. La côte de Finlande, à l'est du golfe, émerge avec une grande lenteur, comme le prouvent de gros pins et des chênes dont quelques-uns, âgés de quatre cents ans, croissaient assez près du bord de l'eau. Enfin, la partie la plus méridionale de la péninsule, la Scanie, a plusieurs de ses points en voie d'immersion.

Le Spitzberg et la Nouvelle-Zemble ont jusqu'à la hauteur de 45 mètres au-dessus de la mer des plages à coquilles d'espèces littorales vivantes.

L'émergence de toute la côte de l'océan Glacial, qui s'étend de la péninsule scandinave jusqu'aux environs de l'archipel de la Nouvelle-Sibérie, est très-admissible. Jusqu'à plusieurs centaines de kilomètres à l'intérieur des terres, on trouve des coquilles d'espèces littorales vivantes et des débris de bois que la mer jette à la côte. L'île Diomida, reconnue en 1760 par Chalaourof, n'était déjà plus qu'une presqu'île lors du voyage de Wrangell ; mais il se peut que l'isthme soit un produit des limons de la Lena.

M. Bourlot admet que le reste des côtes de

l'océan Glacial est en voie d'immersion. Il est certain qu'une partie de la côte sud-ouest du Groënland s'immerge ; les pieux d'attache des embarcations disparaissent sous l'eau ; on recule les cabanes. Partout ailleurs les observations font défaut. Un voyageur arrivant sur une côte déserte y trouve facilement des signes de l'émergence ; mais dans le cas d'immersion, où trouver des signes ? L'absence des signes d'émergence rend l'immersion plausible.

Je dois cependant dire qu'en certains points de la côte nord-ouest du Groënland, de la Terre de Grinnel et d'autres îles, on a cru voir dans l'existence de terrasses superposées la preuve d'un mouvement actuel d'émergence. Ces terrasses, anciens rivages, existent aussi bien en plusieurs lieux qui sont en voie d'immersion.

RÉGION MOYENNE DE L'HÉMISPHÈRE NORD. — Les côtes occidentales de la France obéissent à un mouvement général d'émergence. D'après M. de Quatrefages, l'anse de l'Aiguillon s'étendait, il y a deux mille ans, jusqu'à Niort. La péninsule d'Arvert, le pays de Marennes, furent des archipels. Brouage fut un port et La Rochelle était située sur une presqu'île. Les cales des vaisseaux creusées à Rochefort au temps de Louis XIV se sont, d'après M. Babinet, élevées de plus d'un mètre.

La côte du Portugal émerge probablement aussi. On a cessé de construire des vaisseaux de ligne à Seixal, parce que l'eau n'est plus assez profonde.

Sur les bords de la Manche, plusieurs points du rivage français s'immergent. Le monastère du Mont Saint-Michel, bâti en 709, en terre ferme, est aujourd'hui situé sur une presqu'île qui menace de devenir une île. D'après M. Bonissent, la mer gagne dans la baie de la Hougue et le havre de Carteret. A l'embouchure de la Somme, quelques tourbières ont baissé jusqu'au-dessous du niveau marin. Mais d'autres points du même rivage sont en voie d'émergence, comme le montrent des plages à coquilles récentes situées notablement au-dessus des plus hautes marées.

Plus loin, sur les côtes des Flandres et de la Hollande, les signes de l'immersion sont nombreux et célèbres ; il me suffira de citer l'envahissement du pays de Dordrecht par la mer et la transformation successive des marais du Zuyderzée en lac, puis en golfe. Les digues élevées sur les côtes sont les preuves de l'affaissement du sol. Mais, chose digne de remarque, les lieux qui s'affaissent le plus sont voisins des embouchures des fleuves. Le terrain d'alluvion tasse. Aussi, avec Staring, plusieurs savants pensent-ils que la dépression des terrains est produite par le poids des digues et des édifices, le passage des chariots, des hommes et du bétail.

Presque tous les auteurs veulent que le Holstein, le Sleswig et le Danemark soient en voie d'immersion. Le principal argument consiste en ce qu'en divers points on a découvert les restes d'une forêt qu'aujourd'hui la mer recouvre. L'existence de forêts sous-marines ne prouve pas nécessairement une immersion récente. Ainsi, la forêt de Cromer (Norfolk) végétait à une époque extrêmement ancienne, antérieure très-probablement à la dernière époque glaciaire. Il y a des ossements de l'*elephas meridionalis*, de l'*elephas antiquus*, du mammouth, du *rhinoceros etruscus*, de l'*hippopotamus major*, etc. Que sur le rivage occidental du Sleswig, au fond du port de Husum, on ait trouvé dans la forêt sous-marine un tombeau de l'âge de la pierre, — ne prouve pas mieux que l'immersion soit récente. L'homme existait bien antérieurement à la dernière période glaciaire ; et, durant ce qu'on appelle l'époque humaine, il s'est produit des mouvements séculaires du sol de sens opposés ; — à preuve la hutte de bois de Södertelje, proche Stockholm, dont le foyer, maintenant au-dessus du niveau de la mer, fut cependant recouvert d'une épaisseur de 18 mètres de couches marines.

Au demeurant, les Kjökkenmöddings démontrent que depuis très-longtemps le Danemark n'a pas pu éprouver un abaissement sensible (1). Ces amas de coquilles, restes des repas d'hommes antérieurs à l'âge des métaux, se retrouvent presque tous encore à une hauteur de quelques pieds au-dessus du niveau de la mer.

Les côtes méridionales de la Baltique présentent, comme les côtes méridionales de la mer du Nord, divers points qui s'affaissent. A l'embouchure de la Schlei sont les ruines d'un vieux château que la mer recouvre. Dans le détroit de Fehmarn on voit les débris d'une muraille ancienne. A l'embouchure de l'Oder, une ancienne péninsule n'est plus qu'une barre devant le port de Swinemunde. L'église de Saint-Adalbert, construite vers la fin du xve siècle, assez loin du rivage, montre maintenant ses ruines à la pointe de Samland, au milieu des vagues. Il est bon d'ajouter que M. Vogt et d'autres savants expliquent ces différents faits par des actions de tassements et d'érosions.

Les rivages de la Méditerranée, pris dans leur ensemble, présentent le mouvement d'émergence.

L'émergence la plus rapide paraît se produire dans les régions orientales de ce bassin, notam-

---

(1) Lubbock, *L'Homme préhistorique*, Paris, 1876, p. 210.

ment pour les côtes de l'Anatolie et de la Cara-
manie. Les ruines de Troie, de Smyrne, d'Ephèse
(près de Scala Nova), de Milet (près de Palatsha),
de Priène (Samsoun), villes qui toutes furent
fondées sur le rivage, se trouvent maintenant
fort loin dans l'intérieur des terres. Ephèse est à
2 lieues de la mer. Déjà au temps de Strabon
Priène était reculée de 7 kilomètres. Le lac de
Capria, près de Satalie, ne forme plus qu'un
marais; il était anciennement fort grand et s'ouvrait sur la Méditerranée. Les terres gagnent visiblement sur l'eau dans le golfe d'Iskanderoun
(Alexandrette). L'île de Tyr s'est soudée au continent. En outre, les plages soulevées, à coquilles
récentes, sont fréquentes sur les bords de la
Syrie, de l'Asie Mineure, de la Thrace et des
îles avoisinantes. Certaines îles de la mer Egée
se sont unies entre elles : les deux moitiés de
Lesbos, Issa et Antissa, ne font plus qu'une seule
terre. D'autres îles se sont réunies à la terre
ferme.

Cependant, on a signalé des affaissements en
deux points de la côte de Syrie, sur presque
toute la marge du delta du Nil et à l'extrémité
orientale de l'île de Crète. Sur la côte de Syrie,
on voit à Beyrouth une tour qui va s'enfonçant
dans l'eau, et près de Césarée (Kaïsarieh) des
restes de fortifications recouverts par les vagues.

Au delta du Nil, diverses constructions sont submergées dans le lac de Menzaleh, diverses autres dans le lac d'Aboukir ; aux environs d'Alexandrie des excavations que l'on croit avoir été pratiquées pour des sépultures, sont aujourd'hui visitées par les vagues. Relativement à l'île de Crète, on ne possède, je crois, d'autre document que l'affirmation du capitaine Spratt rapportée par Lyell (1) ; l'île se serait soulevée par sa partie occidentale de façon à mettre à sec d'anciens ports, et affaissée par sa partie orientale « au point qu'on voit maintenant sous l'eau les ruines d'anciennes villes ». L'action de tassement expliquera plusieurs, au moins, de ces subsidences. Peut-être, pour les autres faudra-t-il admettre que les terrains dans leurs mouvements séculaires forment des plis et les effacent. Et le phénomène du plissement s'accorde très-bien avec la théorie du déplacement de l'axe, puisque les courbures terrestres augmentent et diminuent et qu'ainsi les couches superficielles du sol deviennent trop grandes ou trop petites pour la surface à recouvrir.

Les signes de l'émergence de la côte africaine de la Méditerranée abondent aux environs de Tunis. Les ports de Bizerte, d'Utique, de Car-

____

(1) *Ancienneté de l'homme*, Paris, 1870, page 197.

thage, de Méhadiia sont comblés. Le lac Tritonis, qui formait le prolongement du golfe de Gabès ou petite Syrte, n'est plus qu'un marais séparé de la mer.

La Sicile et la Sardaigne ont des plages à coquilles d'espèces littorales vivantes, soulevées à des hauteurs diverses.

Le midi de la France, très-probablement, émerge. La voie romaine de Beaucaire à Béziers, s'écartant de la mer par une grande courbe, semble avoir dû éviter un littoral bas et inondé. Les lieux voisins de la côte portent tous des noms d'origine romaine; les lieux aux noms gaulois sont plus reculés.

L'ancienne île de Circé n'est plus qu'un promontoire de la côte de Toscane. Jusqu'à une certaine hauteur, les rochers de la côte sont percés par les pholades, exactement comme les colonnes du temple de Sérapis.

Que l'émergence soit continue du midi de la France jusqu'à la Toscane, cela est acceptable. Mais les grottes de Menton, Ventimiglia et Noli n'indiquent en aucune manière un soulèvement récent. Quelques auteurs s'appuient sur ce qu'elles auraient été creusées il y a peu de temps par la mer. C'est une erreur. Elles furent habitées par l'homme à une époque extrêmement ancienne, et depuis la mer n'y est pas entrée. Il n'est même pas certain qu'elles doivent leur origine à l'action des vagues. Si on les tenait comme preuve d'une émergence actuelle, il faudrait admettre que presque tous les pays à grottes sont également en voie d'émergence.

Je ne parlerai pas du temple de Sérapis. On a tout lieu de croire qu'il a été abaissé et relevé par des actions autres que les mouvements séculaires.

Quelques points du littoral de l'Adriatique sont en voie d'affaissement. Ils se trouvent presque tous sur les terrains d'alluvions du Pô ; il s'agirait donc encore d'une action de tassement. Trois points sont sur la côte orientale de l'Adriatique : à Trieste, à Zara et dans l'île de Poragnitza ; — on y voit au-dessous de la mer des fragments de constructions ou de routes.

Les pays qui entourent la mer Noire sont en voie d'émergence. En nombre de lieux sont d'anciennes plages soulevées avec coquilles d'espèces littorales vivantes. En nombre de lieux, d'anciens golfes se sont fermés, séparés de la mer et transformés en lacs salés ou en marais putrides ; — ces anciens bras de la mer Noire se voient, notamment : dans l'Anatolie au voisinage d'Isnik-Mid (Nicomédie), dans la steppe du Dnieper, en Crimée, sur tout le pourtour de la mer d'Azof et dans les steppes du Don et du Volga jusqu'à la mer Caspienne. De même que les habitants du golfe de Bothnie montrent les rochers qui émergent et les terres qui grandissent, — de même aussi les Tatars montrent les promontoires qui gagnent sur la mer et ont la tradition que celle-ci recule.

Mêmes signes d'émergence pour les pays voisins de la mer Caspienne et de la mer d'Aral. Les plaines sont encore imprégnées de sel. Les nombreux bassins fermés de cette région ont conservé la faune marine.

Les travaux de Humboldt et les explorations plus récentes font même admettre que toute la région qui s'étend du pays des Kirghises à la mer Glaciale est en voie d'émergence. La mer Glaciale et la mer Noire auraient été en communication à une époque géologique très-récente.

Les signes de l'émergence se retrouveraient encore à l'extrémité du continent d'Asie. Les côtes de l'île de Saghalien présenteraient des lacs et des marais saumâtres, vestiges de golfes. L'Amour a, dit-on, profondément creusé son lit et a laissé sur les plateaux riverains des restes d'anciens méandres.

Ces derniers faits ne me paraissent pas constituer une preuve. On peut aussi bien trouver des fleuves à berges creusées et à méandres abandonnés sur des terres qui s'affaissent. Un fleuve quelconque a tendance à devenir une ligne droite et de pente uniforme depuis sa source jusqu'à son embouchure. Il creuse toujours au moins dans une partie de son cours. Et il suffit que les mouvements séculaires le laissent longtemps agir à la même place, pour que les phénomènes présentés par l'Amour se produisent.

Il est possible aussi que les signes du soulèvement de Saghalien soient anciens et que l'île ait cessé d'émerger.

D'après MM. Swinhoe et de Richthofen, l'archipel de Liou-Kieou et l'île Formose seraient en voie d'émergence. J'ignore sur quelles preuves ces auteurs se basent.

Continuant le tour de l'hémisphère Nord, nous rencontrons, plus loin que le milieu du Pacifique, l'archipel Hawaii, lequel, d'après M. Girard, est en voie d'immersion. Comme à la côte sud-ouest du Groënland, on voit aux îles Hawaii la mer, empiétant sur les rivages, forcer les habitants à reculer leurs habitations.

Les côtes occidentales de l'Amérique du Nord seraient en voie d'immersion. M. Bourlot (1) en donne deux raisons : les mesures des hauteurs prises par M. Boussingault seraient toutes inférieures aux résultats obtenus par Humboldt ; —

______

(1) M. Bourlot, si mes souvenirs sont exacts, a dû puiser ces deux raisons dans le *Traité de Géologie* de Beudant.

et la limite des neiges persistantes semble remonter les pentes. Je crois peu valable la première
raison ; il y a plutôt lieu d'admettre une différence
dans les baromètres et les procédés des deux
observateurs, qu'un affaissement mesurable des
montagnes effectué dans un temps si court. La
deuxième raison, si elle était établie sur des
preuves, serait plus convaincante ; cependant on
pourrait invoquer un changement de climat.
D'autres auteurs, se basant sur l'exhaussement
de quelques points du golfe du Mexique, pensent
que l'Amérique du Nord bascule, prenant les
montagnes Rocheuses comme axe, et de cette
manière émerge sa portion orientale et immerge
sa portion occidentale. Le soulèvement de la
portion orientale du continent est loin d'être établi ; et la théorie des mouvements séculaires à
bascule l'est moins encore. La meilleure raison,
peut-être, pour croire que la côte occidentale
s'immerge, serait qu'on n'y a constaté aucune
émergence.

Dans la portion orientale de l'Amérique du
Nord, on voit s'immerger les côtes qui s'étendent
du cap Cod au cap Hatteras, ainsi que certaines
côtes de la Caroline du Sud et de la Georgie,
c'est-à-dire presque tout le littoral des États-Unis
bordé par l'Atlantique. Les îles situées à l'entrée
des rades paraissent s'enfoncer ; des terrains an-

ciennement cadastrés diminuent et disparaissent. On a calculé que le rivage du Delaware perdait environ 2 mètres et demi chaque année.

D'après M. Jules Girard (1), il y aurait encore des signes d'immersion sur les côtes du haut Canada et du Labrador. Ces signes ne sont pas énoncés.

RÉGION DE L'ÉQUATEUR. — On admet que la pointe de la Floride émerge, parce qu'elle montre des coraux côtiers au-dessus du niveau marin. Je m'expliquerai tout à l'heure sur la signification des coraux des différentes espèces.

Une portion de la côte du Texas émerge. Le port d'Indianola a dû être remplacé par celui de Powder-Horn, situé à 7 kilomètres plus près de l'entrée de la baie de Matagorda. Les lieux abandonnés par la mer offrent des. coquillages marins ; il ne s'y agit donc pas uniquement de l'envasement produit par les fleuves.

La région de l'isthme de Panama est très-probablement en voie d'immersion. On n'y a signalé aucune marque d'émergence. En outre, les faunes marines du littoral baigné par le Pacifique diffèrent extrêmement des faunes de l'autre rivage. Certains cols de l'isthme s'élèvent de moins de 50 mètres au-dessus des océans. Si l'isthme

______

(1) *Les Soulèvements et les Dépressions du sol et des côtes*, Paris, 1876, page 55.

était en voie d'émergence, il aurait été plus bas qu'aujourd'hui ; si alors les océans avaient mêlé leurs flots, les faunes des deux rivages ne seraient point si dissemblables. Le niveau du lac de Nicaragua n'est élevé que de 37^m50 ; ses eaux ne sont pas saumâtres et il n'a pas une faune marine.

Certaines îles parmi les Antilles s'immergent ; ainsi la Guadeloupe (1). Quelques-unes peut-être émergent. On dit avoir trouvé récemment, assez loin dans les terres, une ancre de forme ancienne que même on pense avoir appartenu à Christophe Colomb.

L'archipel du Cap-Vert émerge probablement. Le port de Ribeira-Grande, dans l'île de San-Iago, n'est plus assez profond pour recevoir des navires.

La portion de l'Afrique située au nord de l'équateur est peut-être tout entière en voie d'émergence.

J'ai dit quels signes d'une émergence actuelle se voient sur le rivage de Tunis et au fond du golfe de Gabès. M. Eugène Robert aurait observé des signes équivalents sur les côtes du Sénégal. Le plus vaste delta du globe, le delta de Kouara ou Niger, qui s'étale vers le fond du golfe de

----

(1) GASPARI, *Revue maritime et coloniale*, octobre 1871.

Guinée, à cinq degrés au nord de l'équateur, me semble être également un signe d'émergence, sinon actuelle, au moins récente. Je ne prétends pas que les deltas se forment uniquement dans les régions qui émergent. Mais on conçoit que l'émergence est une condition favorable à l'agrandissement des deltas. Vraisemblablement elle a dû concourir à la formation du plus important de tous. Sur le rivage occidental et sur le rivage oriental de la mer Rouge, les signes de l'émergence sont fréquents : récifs émergés, anciennes baies transformées en marais, plages exhaussées blanches de sel. Et ce qui montre que le mouvement continue, c'est que le port de Djeddah, situé sur la côte d'Arabie proche de la Mecque, lequel recevait, il y a peu de temps, les navires de faible tonnage, n'est plus, d'après M. Lejean, qu'une mare complétement fermée. Les affaissements de quelques points du delta du Nil avaient fait croire que l'isthme de Suez était en voie d'immersion ; le contraire est démontré. Les lacs Amers étaient autrefois un prolongement du golfe de Suez. Jusque vers la fin des travaux du percement de l'isthme, on pouvait attribuer leur séparation de la mer Rouge à l'action des sables transportés par les vents. Mais, en creusant, on a découvert au sud des lacs le roc solide soulevé au-dessus du niveau marin ; en sorte que, même sans les

4.

sables, les lacs Amers eussent été séparés de la mer Rouge. Une seconde preuve est celle-ci : Le canal, creusé récemment pour amener à Suez l'eau douce du Nil, a suivi vers Chalouf, sur une longueur de quatre kilomètres, l'ancien canal de Ptolémée, lequel fonctionnait encore au viiie siècle. L'ancien canal conduisait également l'eau du Nil à la mer Rouge ; il n'avait pas d'écluses. Le canal moderne débouche avec une écluse haute de 3^{m}50 au-dessus du niveau de la mer Rouge. M. de Lesseps (1) en conclut à une émergence de 3^{m}50 effectuée dans un espace de temps minimum de onze siècles.

L'émergence de la portion nord de l'Afrique est encore établie par des signes propres à l'intérieur de ce continent. Le Sahara fut une mer à une époque géologique récente. Depuis les travaux de MM. Charles Laurent, Escher de la Linth et Desor, on juge que la mer Saharienne s'ouvrait : d'une part sur l'Atlantique en face des Canaries ; — d'autre part sur la Méditerranée dans le golfe de Gabès. Les sables du Sahara sont identiques à ceux des rivages africains ; ils contiennent des coquilles marines d'espèces qui vivent sur les côtes. On trouve notamment le *cardium edule* jusqu'à 275 mètres sur les collines sablonneuses.

______

(1) Séance de l'Académie des sciences du 22 juin 1874.

Ainsi s'expliquent la faune et la flore des régions de l'Atlas, si distinctes de celles du reste de l'Afrique.

Les traditions des Hindous remontent plus haut et sont plus sûres que celles des peuples de l'Europe. D'après elles, la côte sud-ouest de l'Inde serait en voie d'émergence. Verouna, le dieu de la mer, aurait, il y a 2300 ans, ordonné aux flots d'abandonner la plaine de Malayala, laquelle s'étend entre Mangalore et le cap Comorin. Les mêmes traditions affirment l'émergence de la portion méridionale de l'île de Ceylan.

Ceylan est presque reliée à l'Inde par un chapelet d'îlots, d'écueils et de langues de sable qu'on appelle le Pont d'Adam, ou le Pont de Rama. C'est par cette voie, en partie submergée aujourd'hui, qu'Adhima, l'Adam de la légende hindoue, serait sorti de l'île de Lakan ou Ceylan, le paradis terrestre. A l'époque où Rama fit la conquête de Ceylan, l'isthme aurait servi au passage de l'armée du singe Hanouman. Un fait plus sérieux est celui-ci : l'île de Rameseram, la plus considérable des îles intermédiaires, lieu d'un pèlerinage célèbre, était encore il y a trois siècles une péninsule de l'Inde. Les érosions marines suffiraient à expliquer les disjonctions produites. Il se peut qu'il s'agisse d'une immersion réelle, mais certainement l'immersion n'est pas importante, car Ceylan a une flore et une faune assez différentes de la flore et de la faune de l'Inde pour qu'on puisse affirmer que depuis très-longtemps les deux terres n'ont pas été véritablement réunies.

La partie inférieure du bassin du Gange émerge; elle émerge peut-être avec plus de rapidité que la partie supérieure du même bassin. Le Coosy, le Mahanady, le Soane, affluents du Gange, déplacent constamment leurs embouchures vers l'amont. La bouche du Soane a reculé de 7 kilomètres en quatre-vingts ans. Le delta du Gange est l'un des plus grands du globe; et il se trouve en un point où les marées ont une forte amplitude, circonstance défavorable à l'agrandissement des deltas. Si j'interprète bien ce que rapporte Lyell d'après le major Colebrooke (1), on aurait une preuve directe de l'émergence du delta du Gange. Les canaux de ce fleuve se déplacent souvent à travers les terres mobiles du delta, creusant de nouveaux lits, comblant les anciens, se rejoignant entre eux ou s'écartant de manière à créer des îles nouvelles et à en détruire d'anciennes. Quelques-unes de ces îles ont un niveau assez élevé; le major Colebrooke cite un terrain haut de 34 mètres. Les couches les plus élevées de ce terrain étaient, à une certaine époque, encore plus basses

---

(1) *Principes de Géologie*, Paris, 1873, t. I, page 619.

que le niveau du fleuve, puisqu'elles ont été formées par le dépôt du limon. A cette même époque,
le niveau relatif de la mer devait donc être plus
élevé qu'aujourd'hui. Si la partie inférieure du
bassin était seule en voie d'émergence, des lacs
se formeraient à la jonction de la partie soulevée
et de la partie immobile. Puisqu'il n'y a pas de
lacs, l'émergence est générale, au moins, ne cesse
brusquement nulle part.

Les îles Andaman, disent la plupart des auteurs,
sont en voie d'émergence. M. J. Girard (1) rapporte un signe d'immersion relatif à quelques
points des rivages. Le conservateur des forêts de
l'Inde aurait constaté que des rangées de palava,
situés proche des bords dans les détroits du centre, périssaient parce que l'eau de la mer attei-
gnait leurs racines. Mais si ce fait ne se produit
que sur les rivages des détroits, il est très-possible
qu'il ne s'agisse pas d'un mouvement séculaire.
On conçoit que les courants, plus rapides dans les
détroits, puissent enlever la terre sous les arbres,
et qu'alors ceux-ci descendent. Cette explication
est d'autant plus acceptable que les calculs du
conservateur des forêts attribueraient au mouvement séculaire d'immersion la rapidité tout à fait
inusitée de 3 mètres par siècle.

____

(1) *Les Explorations sous-marines*, Paris, 1874, page 226. —
Voir aussi *Soulèvements et Dépressions*, Paris, 1876, page 54.

On admet que les côtes de la Cochinchine et du Tonquin sont en voie d'immersion. Je n'ai pas pu découvrir sur quels signes on s'appuie pour l'admettre.

Océanie, Amérique du Sud, etc. — Nous arrivons à l'Océanie. Les indications fournies par les coraux y sont nombreuses; je les exposerai après les avoir discutées. Les autres indications sont rares.

Sumatra serait en voie d'émergence. La côte orientale est frangée de presqu'îles que les indigènes appellent *poulo,* mot qui signifie île. Il semblerait ainsi que ces presqu'îles étaient des îles à une époque récente. Une telle raison ne me paraît pas concluante. Le mot *presqu'île* existe-t-il dans la langue du pays? Si nous ne possédions pas ce terme, il est certainement des presqu'îles que nous appellerions îles.

La région sud-est de l'Australie émerge. M. Becker estime très-rapide l'émergence du district d'Hobson's-Bay, près de Melbourne. M. Darwin a trouvé « la preuve d'un petit soulèvement du sol, de date récente », près de Hobart-Town, dans la Tasmanie (1). M. Grégoire dit que le détroit de Bass tend à se supprimer.

L'émergence de la Nouvelle-Calédonie, affirme

____

(1) *Voyage d'un naturaliste,* Paris, 1875, page 479.

M. Balansa (1) « est manifeste partout où les vagues ont pu laisser leur empreinte sur les roches
calcaires. » M. Balansa a fait une étude très-ap-
profondie des côtes de l'île.

En plusieurs points de la Nouvelle-Zélande on
a constaté le mouvement actuel d'émergence. Les
colons anglais voient les rivages grandir. Des roches semblent naître au voisinage des ports. La
plage de Littleton, particulièrement, émerge d'un
mouvement rapide.

L'Amérique du Sud présente sur une vaste
étendue de côtes des signes évidents d'une émergence peu ancienne. Ce mouvement comprenait
dans son aire tout le rivage de l'océan Pacifique,
depuis le Pérou jusqu'à la Terre de Feu, — et le
rivage de l'Atlantique depuis la Terre de Feu
jusqu'à l'estuaire de La Plata. Il n'est pas impossible que de nouvelles observations reculent encore
ces limites. L'émergence s'est produite avec un
ensemble remarquable, on en a les preuves; et le
mouvement, très-lent, semble avoir été divisé par
des époques d'une lenteur plus grande. Ce mouvement général a pris fin. A peine peut-on montrer sur quelques points une émergence actuelle;
— le mouvement d'immersion affecte déjà peut-
être de plus grandes longueurs de côtes.

____

(1) *Bulletin de la Société de Géographie*, 1873, page 526.

M. Darwin a reconnu le premier, sur la côte de la Patagonie baignée par l'Atlantique, des terrasses formant des plaines étagées, dont la plus voisine de la mer est haute de 25 à 30 mètres, — et dont la plus éloignée, qui se trouve au pied des Andes, est élevée d'environ 900 mètres. Jusqu'à la hauteur d'environ 100 mètres, on trouve des coquilles d'espèces qui vivent dans la mer adjacente. Les marches de ce gradin gigantesque s'étendent sur toute la côte de Patagonie et sont parallèles entre elles.

Sur la côte de l'océan Pacifique, on voit des terrasses semblables, mais souvent interrompues, et principalement reconnaissables aux embouchures des vallées. Les coquillages d'espèces modernes s'y montrent à diverses hauteurs. M. Darwin en a vu jusqu'à 395 mètres proche de Valparaiso (33e degré de latitude). C'est, jusqu'ici, le point le plus haut où ils aient été observés. Le plus grand nombre des auteurs pensent que les anciennes plages où l'on trouve les coquilles récentes ont leur plus grande élévation aux environs de Valparaiso.

Les lacs salés, les lagunes à fond sec et tapissé de sels, ne sont point rares sur la côte du Pacifique ; ils abondent en Patagonie et dans les plaines de la Plata.

Les vallées intérieures du Chili sont des bassins

à fond plat, entourés de montagnes irrégulières.
La mer, dit M. Darwin, en a égalisé le sol. Les
détroits de la Terre de Feu, s'ils émergeaient,
formeraient des vallées pareilles.

Dans les plus hautes vallées des Andes, vers la
limite des neiges persistantes, sont « en très-grand
nombre » (1) des ruines d'antiques maisons indiennes. Leur état prouve qu'elles étaient habitées
toute l'année. Beaucoup de ces endroits sont pri-
vés d'eau et absolument stériles. Ce ne sont pas
des passages. On doit admettre qu'à l'époque où
ces lieux étaient habités, la limite des neiges était
plus élevée et le climat différent. Les ruines de
cette espèce sont particulièrement nombreuses
dans le nord du Chili; quoique construites en
terre, elles se conservent bien parce qu'il n'y pleut
pas une fois par année.

L'émergence est donc relativement moderne.
Elle s'est produite avec uniformité sur un grand
espace. M. Darwin montre qu'avant l'émergence
un mouvement séculaire d'immersion s'est exé-
cuté avec la même régularité. Au-dessous du terrain où sont sculptées les terrasses s'étend une
couche à coquilles d'espèces littorales en partie
éteintes ; elle apparaît sur les rivages des deux
océans. Le terrain aux lignes parallèles a

____

(1) DARWIN, *Voyage d'un naturaliste*, Paris, 1875, page 382
et suiv.

jusqu'à 900 mètres d'épaisseur ; il a fallu qu'une immersion d'au moins 900 mètres précédât une émergence d'amplitude égale ; et les deux mouvements ont été réguliers, puisque la couche à coquilles anciennes n'a pas été déformée.

Actuellement le mouvement d'émergence ne paraît continuer qu'en trois endroits de cette longue étendue de côtes : à Arica, à Valparaiso et au sud du Chili.

A Arica (18e degré de latitude), on a dû prolonger le débarcadère de 150 mètres, parce que depuis quarante ans la mer a reculé dans la même proportion.

A Valparaiso, le sol, dit M. Darwin, s'est élevé de près de 3 mètres dans les 220 dernières années. Plus de la moitié de cette élévation s'est produite depuis l'année 1817.

Sur les côtes du sud du Chili M. Pissis a vu des rochers perforés par les mollusques, dans une zone qui s'étale ininterrompue depuis le niveau de la mer jusqu'à une hauteur de 8 ou 10 mètres. Les perforations sont particulièrement nombreuses dans le bas de la zone. Une telle disposition indique peut-être le ralentissement du mouvement d'émergence. Il faudrait cependant constater si la roche n'est pas plus usée vers le haut de la zone que vers le bas ; il se pourrait également que les mollusques saxicaves eussent été plus abondants à une époque récente qu'aux époques antérieures; ou que le bas de la zone eût subi une double immersion. Mais M. Pissis est un excellent observateur, l'usure de la roche et le redoublement des perforations sur une portion de la zone ne lui auraient pas échappé.

Un mouvement actuel d'immersion se fait sentir sur les côtes du Pérou. Une partie du sol de l'ancienne ville du Callao est recouverte par la mer. M. Tschudi (1), ayant comparé d'anciennes cartes avec les cartes modernes, affirme que la largeur de la côte a diminué au nord et au sud de Lima.

On ne sait rien des mouvements des rivages qui s'étendent du Pérou à l'isthme de Panama.

Rio-Hacha, située sur le bord de l'Amérique du Sud que baigne la mer des Antilles, est entourée, dit M. Elisée Reclus (2), d'une plaine que les flots semblent avoir récemment abandonnée; cependant il y a actuellement immersion, car la mer a envahi et ruiné la *calle de la Marina*, rue la plus rapprochée de la plage et jadis la plus riche de la ville.

L'Amazone, le plus grand fleuve du globe, le plus important surtout par le volume de ses eaux,

---

(1) DARWIN, *Voyage d'un naturaliste*, Paris, 1875, page 395.
(2) *Voyage à la Sierra-Nevada de Sainte-Marthe*, Paris, 1861, page 171.

n'a point de delta. La région de l'embouchure de l'Amazone s'immerge. Les preuves directes sont nombreuses, elles ont été signalées par Agassiz : — les golfes s'étendent dans les forêts, — les phares, les mâts à signaux, élevés en terre ferme, sont en peu d'années entourés par les vagues. La baie de Bragança n'avait que 2 kilomètres de longueur, elle pénètre aujourd'hui à 9 kilomètres dans les terres.

Aux environs de Bahia (13ᵉ degré de latitude sud), l'Atlantique gagne également sur les rivages.

Dans la baie de Rio de Janeiro, et même dans son port, on voit un grand nombre d'îles. Leurs pentes sous la mer sont très-rapides, au point que de grands navires s'approchent de leurs bords autant qu'ils s'approcheraient d'un quai bien construit. La baie n'est pas extrêmement profonde; plusieurs torrents s'y jettent et tendent à la combler avec leurs sédiments. Étant à Rio, en 1872, je fus frappé par cette idée que, si le terrain était en voie d'émergence, ou demeurait immobile, les rivages des îles seraient moins rapides : les sédiments leur formeraient des pentes douces. Probablement un mouvement d'immersion lutte contre l'exhaussement des dépôts.

Aucun mouvement d'émergence actuelle n'a été signalé sur la côte orientale de l'Amérique du Sud.

On ne sait rien des mouvements séculaires de la portion de l'Afrique située au sud de l'équateur, non plus que des îles de cette région de l'Atlantique. Les îles situées à l'orient de l'Afrique n'ont pas, jusqu'ici, fourni d'autres signes que ceux donnés par leurs coraux.

On ne sait rien des terres très-peu connues qui sont au voisinage du pôle austral.

Avant de compléter cette étude, il est bon de s'entendre sur les indications que peuvent présenter les roches coralliennes.

Les constructions des coraux. — Les coraux ou polypiers constructeurs vivent presque uniquement dans la zone tropicale; ils ont élevé des édifices étonnants de grandeur qui abondent en Océanie, dans la mer des Indes, dans la mer des Antilles.

Un corail vivant se présente sous l'aspect d'une pierre spongieuse, enveloppée d'une matière molle, albumineuse, diversement colorée quand elle flotte dans l'eau, noirâtre hors de l'eau, — matière rétractile et qui rentre presque entièrement dans la masse pierreuse quand l'animal est effrayé. Un corail mort est cette même pierre moins l'enveloppe visqueuse.

Les polypiers ne construisent pas ou presque pas à une profondeur qui dépasse 30 ou 40 mètres. Ils meurent rapidement quand on les sort de l'eau. Déjà on en connaît un grand nombre d'espèces, lesquelles n'ont point exactement les mêmes habitudes. Certaines recherchent les eaux agitées et se plaisent parmi les vagues qui déferlent ; d'autres aiment les milieux plus tranquilles. Aucune espèce ne prospère dans les eaux troublées par des sables ou des limons ; les eaux vaseuses ne paraissent cependant pas également funestes à toutes les espèces. Sur certains points découverts à mer basse, mais presque toujours mouillés d'écumes, quelques espèces vivent encore. D'après Ehrenberg, jamais un polypier vivant ne s'établit sur un autre polypier vivant, qu'il appartienne ou non à la même espèce. Ils ont d'autres parasites : les balanes, les serpules, les mollusques saxicaves, les holothuries, des poissons, etc. Sur les bancs de coraux morts, peut-être aussi sur les vivants, s'établissent les huîtres, les moules, et d'autres coquillages en grand nombre, dont les débris s'empâtent dans la roche corallienne.

Cette roche ne semble pas très-résistante, au moins quand elle est récente. Elle se fend à l'air, se délaye dans l'eau, et les parties délayées, une fois séchées, ressemblent exactement à de la craie. On a même de bonnes raisons pour croire que la véritable craie est d'origine corallienne. Les di-

verses espèces de polypiers constructeurs fournissent des roches diverses d'aspect et de consistance. Probablement la matière la plus résistante
provient des polypiers qui vivent dans l'eau la
plus agitée. Certaines circonstances peuvent donner plus de résistance à ces roches ; telles seraient
des cimentations de grain à grain, comme dans
les grès, — ou des pressions considérables. On
conçoit quelle énorme pression subissent les couches inférieures d'une montagne de coraux haute
de 1,000 mètres.

L'île Élisabeth ou d'Henderson est une île d'o-
rigine corallienne, plate, émergée d'un peu plus
de 20 mètres, et dont les bords sont taillés à
pic ou même surplombent. Sa roche, par sa dureté
et sa cassure, rappelle les calcaires secondaires.
Cet exemple n'est point le seul. Aussi, beaucoup
de savants pensent que bon nombre de roches
calcaires ont été formées par les polypiers.

La rapidité de la croissance des coraux doit varier d'après les espèces et suivant la situation occupée. Les mesures obtenues sont peu nombreuses et très-incertaines. Elles ont généralement été
prises à l'aide de sondages ; le niveau de la mer
sert de repère ; supposant même que le niveau
moyen soit constant, le vent qui souffle ou ne
souffle pas, les pressions barométriques, et d'autres circonstances encore, font varier la hauteur

marine dans des limites qui peuvent dépasser de beaucoup les grandeurs à évaluer. Presque jamais une basse mer ou une haute mer ne s'arrête au point indiqué par le calcul. Le procédé du commodore Wilkes évite cette cause d'erreurs. Il consiste à comparer les niveaux successifs des coraux avec un repère placé à poste fixe sur le rivage. L'expérience fut faite à Taïti, sur le banc du Dauphin, dans des conditions, il est vrai, quelque peu défavorables. Le banc a semblé gagner 0^m555 en trente ans, soit 18 millimètres par année. MM. F. Le Clerc et Duhil de Bénazé (1), les opérateurs, conviennent qu'il ne s'agit que d'une approximation et que le chiffre pourrait être trop fort. Les chiffres obtenus par M. Hunt à Key-West (pointe de la Floride), en mesurant simplement une méandrine et une oculine, sont presque égaux au chiffre de MM. Le Clerc et Duhil de Bénazé. A Taaopoto, île de la Polynésie, on a retiré d'une profondeur de 7 brasses une ancre perdue depuis environ cinquante ans, laquelle n'était recouverte que d'une couche de corail assez mince pour lui laisser entièrement sa forme. L'accroissement du banc de corail est moins rapide que l'accroissement des polypiers, car ceux-ci n'occupent pas la totalité de la surface du banc, ils y

---

(1) *Recherche de la rapidité de croissance des bancs de coraux dans l'océan Pacifique.* Paris, 1872.

sont plus ou moins clair-semés. Le banc s'accroît de leurs débris et des débris de coquillages. M. Dana évalue à un tiers de centimètre par année la croissance des bancs de coraux. Cette estimation, vraie peut-être pour quelque points, ne peut pas être acceptée comme une règle générale.

Un exemple d'une croissance plus rapide est l'îlot des Maldives, que le lieutenant Prentice trouva « entièrement revêtu de coraux et de ma-« drépores vivants, très-peu d'années » après qu'il avait été rasé par des courants de nouvelle direction. Les expériences du docteur Allan, faites sur la côte orientale de Madagascar, citées par M. Darwin et Lyell, montreraient qu'un polypier peut gagner 90 centimètres dans l'espace de six mois.

Des récifs étudiés souvent et pendant longtemps ont semblé, quoique vivaces, demeurer à une profondeur constante. Il se peut, comme le dit Beechey, que les récifs en réalité s'accroissent, mais que la profondeur de la mer croisse dans la même mesure. Il se peut aussi que, la profondeur de la mer ne variant pas, les polypiers constructeurs soient d'espèces qui craignent une plus grande proximité de l'air et de la lumière. Le fait suivant, donné par M. Gaspari parmi les preuves d'une immersion du littoral de la Guadeloupe,

5.

vient à l'appui de cette seconde interprétation. Un îlot nommé l'îlot des Caraïbes existait à l'entrée du port de la Pointe-à-Pitre ; on le voit figuré sur une carte dressée en 1760. L'îlot des Caraïbes est actuellement un banc de coraux couvert d'un mètre d'eau à marée basse. Tout porte à croire que l'enfoncement a été graduel. Un îlot voisin, l'ile à Chasse, qui n'était jamais inondé il y a trente ans, s'est immergé graduellement. Même immersion lente et continue pour l'îlot à Fajou, autre île voisine. Les récifs environnants ont dû fournir des colonies de polypiers dès que la surface immergée leur était propice. Si leurs constructions ne s'élèvent qu'à un mètre de la marée basse, il faut bien conclure qu'ils redoutent une élévation plus grande.

Le grand banc de Chagos (mer des Indes, au sud des Maldives), paraît avoir conservé, depuis qu'on le connaît, une même profondeur uniforme de 6 à 8 brasses. Ses coraux, dit M. Darwin (1), sont presque tous des coraux morts.

On divise communément les récifs de coraux en trois classes : récifs côtiers, récifs-barrières et atolls. Cette division est basée, non sur la nature de la roche, mais sur sa forme extérieure et sur

____

(1) *Voyage d'un naturaliste*, Paris, 1875, page 510.

la place occupée relativement aux autres terres.

On donne le nom de récifs côtiers à des récifs de coraux situés près de la côte, à laquelle ils forment une ceinture de largeur variable ; parfois ils sont plaqués contre les roches du rivage.

On donne le nom de récifs-barrières à des lignes coralliennes situées à plus grande distance des bords. Ils laissent entre eux et la terre un chenal souvent navigable, plus ou moins gêné par d'autres constructions des polypiers.

Les attolls sont des récifs de coraux situés loin des terres, lesquels offrent généralement la figure d'une circonférence, peu saillante au-dessus de l'océan, ayant à son intérieur une lagune marine.

Je m'occuperai en premier lieu des attolls, parce que ce sont les productions coralliennes les plus significatives.

Les pentes extérieures de ces îles circulaires sont rapides, et plongent jusqu'à des profondeurs souvent considérables, telles qu'on n'a pas trouvé le fond avec des lignes de 800 mètres. Du côté du centre, les pentes sont douces, et la lagune n'est jamais très-profonde.

La lagune communique avec la mer par une ou plusieurs coupures de la circonférence. Ces coupures sont presque toujours sous le vent ; c'est-à-dire que, si le vent souffle habituellement de l'est, les passages sont ouverts à la partie ouest de la circonférence. Jamais, parmi les milliers d'attolls qui existent, on n'a vu les passages être ouverts exactement au vent.

Les attolls sont ordinairement plus émergés au vent que sous le vent; le bord du vent est aussi plus large.

Les polypiers qui vivent dans les lagunes sont d'espèces différentes de ceux qui vivent à l'extérieur des attolls. Il est bien entendu que toute la partie émergée des attolls, ainsi que des autres classes de récifs, se compose de coraux morts.

Certains attolls, généralement plus émergés que les autres, n'ont plus de lagune. C'est le cas de l'île Élisabeth. Souvent alors, l'île porte un bourrelet circulaire extérieur, plus élevé que la plaine centrale. L'île française de Lifou, voisine de la Nouvelle-Calédonie, a un bourrelet extérieur haut de 70 mètres, et une plaine intérieure haute de 40 mètres. Le bourrelet circulaire de Maré serait, d'après M. Balansa, plus marqué encore que celui de Lifou. La saillie extérieure d'Ouvéa serait moins marquée.

Il est impossible d'expliquer la formation des attolls sans l'intervention des mouvements séculaires. Considérons en effet un attoll dont la base est à 500 mètres au-dessous du niveau marin. Si la mer avait toujours eu cette profondeur, les polypiers n'eussent jamais pu commencer la construction, car ils ne construisent pas plus bas que 40 mètres; — les coraux ramenés par la sonde d'une profondeur de plus de 40 mètres sont tous des coraux morts, ou n'appartiennent pas aux espèces qui bâtissent. Les polypiers ont donc commencé leur travail à un moment où la mer était peu profonde.

L'édifice n'a pu s'élever que parce que le niveau de la mer s'élevait; il a grandi, se maintenant à petite distance de la surface marine, — lentement et régulièrement, parce que la profondeur s'accroissait lente et régulière.

Ainsi, la hauteur des constructions coralliennes marque l'amplitude d'un mouvement séculaire agissant dans le sens de l'immersion. Ceci a été établi par M. Darwin, et c'est l'une de ses gloires.

Mais les polypiers ne bâtissent pas hors de l'eau. Comment se fait-il que la presque totalité des attolls connus aient dépassé le niveau de la mer, au point qu'ils se sont couronnés de végétation et sont devenus habitables?

Je réponds qu'un mouvement séculaire de sens inverse a commencé, que le niveau de la mer baisse; je dis que l'émergence générale des attolls est inexplicable si l'on veut que la profondeur des mers continue à s'accroître.

En ceci, j'ai le malheur d'avoir une opinion exactement contraire à la croyance générale. Il suffit qu'une région présente des attolls émergés pour qu'immédiatement, et sans autres preuves, les auteurs affirment l'immersion continue de la région.

Examinons. Prenons les données les plus simples, et, je crois, les moins défavorables. Supposons une mer sans marées, et dont la profondeur demeure constante. Nous apporterons les complications tout à l'heure. Imaginons un attoll parvenu au niveau de cette mer. Comment arriverait-il à émerger?

La mer ne pourra pas porter ses sables ni ses galets sur l'attoll; les galets ni les sables ne remonteraient la roide pente extérieure de l'édifice de corail, et le fond de l'océan n'est pas agité comme la surface. Si les masses coralliennes pouvaient être exhaussées par des matériaux pierreux étrangers, on retrouverait ces matériaux dans la roche du corail. Le sol émergé des Maldives, attentivement étudié, — à part des morceaux de bois et des coques de noix de coco, — n'offre que des coraux et des coquillages diversement pulvérisés et mêlés. C'est la substance même de l'édifice.

Les polypiers ne pousseront pas leurs constructions plus haut que le niveau marin ; ils ne construisent pas là où ils ne peuvent pas vivre.

A la vérité, d'autres organismes, certains coquillages pourront vivre sur la crête ; et, y mourant, pourront y laisser leurs débris ; — des parties de coraux morts seront détachées par les vagues, et, mélées aux fragments de coquilles et aux bois flottés, formeront de petites accumulations, peu stables, car les vagues balayeront constamment la crête de l'attoll. Mais quand même on entasserait artificiellement des matériaux à la surface du corail, ces matériaux n'y demeureraient pas indéfiniment ; les flots arriveraient toujours à faire table rase.

Supposons qu'aucun des débris roulés par les vagues à la surface de la crête n'en tombe jamais, que tout y reste. Admettons encore que les polypiers continuent à vivre, malgré la masse superposée, à vivre et à mourir pour fournir toujours de nouveaux matériaux à l'accumulation. Alors la crête de l'attoll dépassera le niveau de la mer, mais ne dépassera par le sommet des vagues. Aucune vague ne peut porter aucun débris à un point plus élevé que celui auquel elle-même arrive. L'attoll baigné par les vagues ne pourra pas se revêtir d'une végétation terrestre. Il ne sera pas habitable à l'homme.

Dans l'hypothèse d'un océan sans marées et de profondeur invariable, l'émergence des attolls est donc inadmisible.

Maintenant, faisons intervenir les marées. Elles agissent comme des vagues plus rares et plus hautes. D'après M. Dana, des polypiers, d'espèces probablement spéciales aux lieux où les flots déferlent, élèvent leurs constructions au-dessus de la basse mer, jusqu'à une hauteur égale au tiers de la marée. Ils n'atteignent même pas la mer moyenne. D'après Chamisso, aucun polypier des espèces propres à l'intérieur des lagunes n'atteint le niveau des basses mers. Les marées n'apportent aucune condition favorable à l'émergence.

Nous avons supposé la profondeur de l'océan invariable ; — admettons que la profondeur s'accroisse, soit, comme le veulent les auteurs, par l'affaissement du fond de la mer, — soit par l'élévation du niveau marin. L'accroissement de la profondeur est évidemment défavorable à l'émergence des attolls.

Notons bien qu'il ne s'agit pas de considérer comment, par des circonstances exceptionnelles, actions volcaniques ou autres, quelques rares îlots coralliens pourraient être temporairement habitables — parmi des milliers d'attolls submergés. L'émergence des attolls est le fait général, incontesté, vrai pour de vastes régions du globe. Ce fait reste inexpliqué dans la théorie de l'accroissement actuel de la profondeur marine — aux régions où abondent les attolls habitables.

Au contraire, admettons que la profondeur soit en voie de décroître, — nous concevrons facilement l'émergence des attolls et diverses autres particularités.

La profondeur devenant moindre, l'attoll tend évidemment à émerger. Il faut examiner si sa portion émergée pourra résister à l'action dénudante des vagues et des agents atmosphériques, si elle peut saillir jusqu'à des hauteurs quelconques au-dessus du niveau de la mer, enfin si la forme du sommet de l'édifice de corail ne signale pas tout ensemble l'importance des érosions et l'importance du mouvement d'émersion.

Retenons que les coraux vivants résistent très-bien aux secousses des vagues, que certaines espèces, les porites, par exemple, prospèrent dans les eaux agitées, — et que les coraux morts, surtout ceux du haut de l'attoll, ceux qui n'ont pas subi une pression consolidante, forment une roche assez facile à désagréger. Retenons encore que l'attoll a la forme d'un cône tronqué, dont la base large repose sur le fond de la mer ; — que, pendant tout le temps que le niveau marin descendra les côtés du cône, une zone protectrice de coraux vivants entourera la portion supérieure du tronc de cône, depuis environ la limite de la basse mer, jusqu'à une profondeur qui dépasse la couche des eaux les plus agitées.

Que se passera-t-il durant l'émersion ?

Les premiers coraux morts apparus à la surface seront rasés par les vagues ; les débris en seront précipités partie dans la lagune, partie à l'extérieur. Successivement, la crête morte deviendra plus épaisse, plus résistante ; elle aura gagné de l'épaisseur en dehors et en dedans : parce que l'édifice a la forme d'un tronc de cône, et parce que la lagune tend à se remplir de débris roulés. La marge extérieure de la crête supporte le plus grand effort des vagues, elle s'émiette plus que la marge intérieure ; la crête se dessine en talus, talus dont la pente plonge vers l'extérieur de l'attoll. Sur le talus, les portions anciennes et mal liées de l'édifice corallien sont emportées et laissent des creux où viennent habiter certaines espèces de polypiers. Ceux-ci meurent à leur tour quand le niveau de la mer a suffisamment baissé, mais leurs débris font la surface du talus plus solide. Plus tard, la pente du talus sera assez longue pour que les vagues aient épuisé leur force avant de l'avoir toute remontée. Alors la marge intérieure de la crête émergera ; elle sera plusieurs fois enlevée, totalement ou en partie, dans les grandes marées ou les tempêtes. Mais le talus protecteur grandissant toujours, il arrivera que les flots ne jetteront pas même leurs écumes sur le bord émergé. Ce bord pourra se couvrir de végétation, et n'aura plus à subir que les érosions des vents et de la pluie, actions qui seront facilement dépassées par la rapidité de l'émergence.

Lorsque l'attoll est immergé, et que sa portion supérieure est recouverte de polypiers vivants, les polypiers dont la croissance est la plus active se trouvent sur les bords. La circonférence s'accroît plus vite que le centre. On admet que telle est l'origine de la lagune.

Le fond de la lagune est un terrain peu consistant, beaucoup moins que les bords de l'attoll ; il est produit par des polypiers d'espèces spéciales et résulte aussi de l'accumulation des menus débris provenus de la circonférence. A mesure que la circonférence émerge, la lagune reçoit une part des matières arrachées aux talus et tend à se combler ; elle se comble peut-être quelquefois. Mais elle tend de nouveau à se creuser dès que l'émergence de ses bords la protége assez contre les apports des matériaux extérieurs. A ce moment, elle communique avec la mer par les points où la circonférence n'est pas encore émergée; — et ces points, on le conçoit, se trouvent de préférence sous le vent parce que la végétation des polypiers a été plus active et a donné des produits plus résistants du côté de l'attoll où arrivent le vent et les vagues. A chaque marée, le niveau s'élève et s'abaisse dans la lagune. Il s'y établit des courants et la vase entre en suspension. Le flux n'apporte rien ou presque rien; le reflux entraîne de la vase. La circonférence devenant plus haute, les passages se limitent mieux, quelques-uns se ferment; souvent il ne reste plus à la mer qu'un seul passage, entretenu par la violence du courant à l'entrée et à la sortie, entretenu surtout par la présence de vases, lesquelles nuisent aux polypiers.

La profondeur dans les lagunes ne peut pas s'accroître indéfiniment parce que les courants des marées n'y remuent plus un fond trop bas. Le fond lui-même offre bientôt une plus grande résistance, soit parce qu'il a moins de boues, soit parce que les couches profondes de l'attoll sont plus serrées que les supérieures. Il arrive, après un certain temps, que les matières emportées sont compensées parce que les pluies et les vents amènent de la portion émergée de l'attoll. Des coraux croissent dans la lagune, gênent les courants et consolident le fond. A mesure que diminuent les boues, les polypiers s'implantent à l'entrée de la lagune ; le passage de la mer une fois fermé, la lagune s'assèche si l'émergence de l'attoll continue.

De même que les lagunes ne peuvent pas être creusées jusqu'à des profondeurs considérables, — de même aussi les parties émergées des attolls n'arrivent pas à s'élever jusqu'à des hauteurs bien grandes au-dessus du niveau de la mer. Les parties émergées présentent généralement deux pentes : l'une qui descend vers la lagune, l'autre qui descend vers la mer. L'eau des pluies, parmi lesquelles il faut principalement considérer les pluies d'orages, se réunissant en ruisseaux, érode davantage le bas des pentes que le sommet commun. Les pentes deviennent ainsi plus rapides dans les lits des ruisseaux. Or, les érosions sont d'autant plus importantes que les pentes sont plus rapides et plus longues. Mais les pluies agissent, d'une manière indirecte, plus activement encore : — les boues qu'elles entraînent font périr les polypiers du talus extérieur et ceux de la lagune. Alors le talus protecteur est érodé, les vagues atteignent la portion de l'attoll qui dépasse la mer et la réduisent ; — alors le flux et le reflux continuent à creuser la lagune. Il doit rapidement arriver que les valeurs croissantes de ces actions combinées compensent la valeur de l'émergence fournie par les mouvements séculaires. Aussi, les seuls attolls notablement élevés au-dessus de la mer ont leurs lagunes comblées, sont taillés à pic à l'extérieur et offrent au choc des vagues un vaste talus où elles s'amortissent. Ils ont subi des érosions énormes avant d'atteindre à cette forme relativement stable. L'île Élisabeth a une surface plate, au contraire de Lifou et des autres Loyalty qui portent un bourrelet à leur circonférence. Elle est enceinte d'un talus protecteur large d'environ. 200 mètres, talus en dehors duquel la mer devient subitement. très-profonde ; et, malgré cet obstacle aux vagues, ses falaises minées par places s'éboulent, et la surface du plateau diminue. Un talus beaucoup plus vaste serait celui de l'île Palmira, du groupe de Washington, lequel, d'après Rienzi (1), s'étendrait jusqu'à 3 lieues au large.

Ces raisons expliquent comment le plus grand nombre des attolls ne s'élèvent que d'une petite hauteur au-dessus du niveau de la mer. Elles pourraient faire comprendre comment les attolls à vastes circonférences se subdivisent en une série d'attolls plus petits, disposés en cercles et portés sur un plateau commun. Je n'étends pas davantage l'étude de cette espèce de constructions coralliennes. Ce que j'ai dit suffira pour faire admettre

---

(1) *Océanie*, 1836, tome II, page 80.

que les régions où abondent les attolls habitables
sont en voie d'émergence. Il me reste à dire
quelques mots des récifs-barrières et des récifs
côtiers.

Les polypiers s'établissent sur les rivages des
îles et des continents à la distance qui leur donne
la profondeur convenable : loin des bords si la
terre est plate et le rivage peu incliné ; assez près,
si les pentes plongent rapidement. Ils ne bâtissent pas aux embouchures des rivières ; il leur
faut une eau pure et un terrain solide. La ceinture de coraux d'une île importante est généralement interrompue à plusieurs endroits ; uné île
petite et sans cours d'eau pourra être entourée
d'un cercle complet.

Si l'île est en voie d'immersion, les bancs de
coraux s'élèvent, se rapprochent de terre, se joignent entre eux ; et quand le sommet de l'île est
descendu sous les flots, la ceinture de corail ne
forme plus qu'un récif unique, en forme de tronc
de cône, dont la partie supérieure continue à grandir et se maintient à petite distance de la surface
de la mer. Le sommet du récif est large si l'île était
vaste et si l'amplitude de l'immersion n'est pas
très-grande ; — étroite dans les cas contraires.
Il se peut même que le cône finisse en pointe et
s'arrête si l'immersion continue.

Au retour du mouvement d'émergence, le récif devient un attoll ou un groupe d'attolls. La plus haute sommité de l'île apparaît de nouveau, puis d'autres sommités ; la dénudation du récif devient plus rapide, les limons entraînés sur les talus de l'île font périr les polypiers, les vagues s'ouvrent des passages. L'attoll est redevenu ceinture de corail.

Pendant que dure le mouvement d'émergence, des portions au moins de la ceinture font saillie au-dessus du niveau marin, et quelques-unes sont revêtues de végétation. Les îles arrivées à ce point sont nombreuses dans la Polynésie ; elles sont en majorité dans l'archipel de Viti et dans celui de Cook, et sont communes dans la plupart des autres archipels.

Dans ces îles on retrouve à diverses hauteurs des lambeaux de corail, souvent couverts d'une couche de terre végétale. On conçoit que les anfractuosités du roc doivent retenir des parts du revêtement corallien. Parfois le corail échappé à la dénudation forme le long des pentes comme de gigantesques marches d'escalier. Les sédiments des ruisseaux s'accumulent entre l'île et sa ceinture, et protégent la surface des coraux morts ; les vagues ne rongent plus que la face extérieure de la masse ainsi couverte, et la laissent verticale. Quand une marche est émergée, les sédiments peuvent revenir s'accumuler au même lieu de l'île, entre la terre et la nouvelle ceinture. Ainsi prennent naissance ces degrés remarquables que l'on confond généralement avec les récifs côtiers ; on les appelle récifs côtiers soulevés. Ce ne sont pas précisément les restes de ceintures successives, comme on est tenté de le croire, mais les restes des masses coralliennes comprises entre le rivage et les ceintures successives. Pour cette raison, les gradins et les autres lambeaux ne se voient que sur des terres qui, dans une immersion préalable, ont été revêtues d'une roche de coraux.

Si l'amplitude du mouvement d'émergence mettait à sec le fond de l'océan, il ne resterait que bien peu de traces des édifices de corail : sur les pentes, les lambeaux et les gradins dont je viens de parler, — et, dans les dépressions, des bancs de craie déposée. Encore la dénudation continuera-t-elle par le fait des agents atmosphériques.

Si le mouvement d'immersion recommence avant que le fond de l'océan soit à sec, les polypiers bâtiront non-seulement sur les pentes de l'île, mais encore sur les débris écroulés des constructions antérieures. Le récif s'élèvera plus large et plus complexe qu'à la première fois. Ce cas ne semble point rare.

Durant ce mouvement d'immersion, les préten-

6

dus récifs côtiers soulevés continuent à se montrer étagés sur les pentes de l'île. Et l'on en tire argument pour dire que l'île est en voie d'émergence.

Il conviendrait de réserver le nom de récifs côtiers aux ceintures de coraux vivants situées proche des terres. Alors on verrait qu'entre les vrais récifs côtiers et les récifs-barrières la différence est petite ; elle consiste entièrement dans la distance qui sépare le rivage de sa ceinture. Les récifs côtiers s'établissent sur des pentes plus rapides, les récifs-barrières sur des pentes moins rapides. Les premiers sont propres aux terrains montagneux, les seconds aux terrains de plaines. Il est difficile de poser une limite précise entre ces deux espèces.

M. Darwin, et après lui Lyell, ont fait une distinction capitale entre les récifs côtiers et les récifs-barrières. Pour eux, les récifs côtiers signifient émergence, les récifs-barrières et les attolls signifient immersion. Ce n'est pas tout. M. Darwin ayant dressé la carte des lieux où sont les différentes espèces de coraux, s'aperçut que les régions à attolls et à récifs-barrières n'ont pas de volcans ; que les volcans au contraire ne sont pas rares dans les régions à récifs côtiers. D'où cette conclusion : les volcans sont un signe d'émergence.

Qu'il n'y ait pas de volcans dans les régions attolls et à récifs-barrières, cela est assez vrai. Si l'on compare la carte des coraux de M. Darwin avec la carte des volcans de M. Fuchs (1), on trouvera quelques exceptions à la règle de M. Darwin, notamment en ce qui concerne la portion orientale de la Nouvelle-Guinée, l'île Santa-Cruz, les îles de la Société, les Touamotou. On peut dire encore que dans les régions à attolls il peut exister des volcans sous-marins, volcans difficiles à connaître, puisqu'on ne soupçonnait pas l'existence de ceux de la Méditerranée et de l'Atlantique avant qu'on eût assisté à leurs éruptions. Malgré ces exceptions, la règle est vraie dans l'ensemble.

Mais voici pourquoi elle est vraie : les pays à volcans sont des pays de montagnes. Or, les récifs-barrières appartiennent aux pays plats, et les attolls sont isolés dans l'océan. Il n'y a pas à s'étonner que les volcans abondent dans les régions à récifs côtiers ; ce sont des régions montagneuses, et les volcans -actifs se rangent, à peu près tous, proche des bords de la mer.

La règle relative aux volcans semblait donner une grande force aux distinctions établies entre

______

(1) Fuchs (K.), *Les Volcans et les Tremblements de terre,* Paris, 1876.

les récifs côtiers et les récifs-barrières. Elle doit être abandonnée.

En somme il faut admettre :

Que les régions où abondent les attolls habitables sont en voie d'émergence ;

Que les régions à récifs-barrières émergés émergent également ;

Que les « récifs côtiers soulevés », c'est-à-dire les lambeaux de roches coralliennes épargnés par la dénudation et situés sur des roches de nature différente à diverses hauteurs au-dessus de la mer, — n'ont aucune signification au point de vue du sens actuel des mouvements séculaires ;

Qu'enfin, les régions où sont de vastes bancs de coraux immergés à une petite profondeur et vivants, sont très-probablement en voie d'immersion.

Ces règles vont nous servir à déterminer encore le sens des dénivellations agissantes pour un certain nombre de lieux du globe.

Signes fournis par les coraux. — Nous allons examiner successivement les zones du nord et du sud de l'équateur, et nous commençons par l'Atlantique.

Dans le golfe du Mexique, la mer des Antilles, et principalement au nord de Cuba, de Saint-Domingue, autour des îles de Bahama, sont de très-grands bancs de coraux sous-marins en voie de croissance. Si le niveau de la mer baissait d'un petit nombre de mètres, de vastes surfaces apparaîtraient à sec. Il suffit, pour s'en convaincre, d'étudier un instant l'une des belles cartes de l'atlas de M. Delesse (1). Ces régions sont en voie d'immersion.

Peut-être faut-il en excepter la pointe de la Floride, dans le voisinage de laquelle de petits îlots, les Keys, seraient des roches coralliennes émergées.

Les Bermudes sont également entourées de bancs de coraux submergés et vivants. Elles sont en voie d'immersion.

Au milieu des flots de la mer Rouge on voit un grand nombre de bancs de coraux émergés. La région est en voie d'émergence.

Les archipels des Laquedives et des Maldives se composent d'un grand nombre d'attolls habités. Ils sont en voie d'émergence.

On voit près des côtes de Ceylan quelques récifs-barrières émergés. L'île émerge actuellement.

Sur les pentes des îles Nicobar, de Sumatra et des îlots qui l'entourent, sont, à diverses hauteurs, des « récifs côtiers soulevés ». De ceux-ci

____

(1) DELESSE, *Lithologie du fond des mers*, 1872. L'atlas accompagne l'ouvrage.

nous n'avons pas à nous occuper, puisqu'ils ne comportent aucune indication du mouvement actuel.

Même remarque pour Bornéo, Gilolo, les Philippines, les îles Bachie, l'archipel Liou-Kieou, le groupe de Bonin-Sima, les Mariannes et l'archipel d'Hawaii.

Un certain nombre d'attolls émergés, comme les Paracels, se montrent dans la mer de la Chine. Il y a émergence.

Les îles Péliou (ou Palaos) présentent des récifs-barrières dépassant en certains points le niveau marin. Elles émergent.

Enfin, dans les Carolines, les îles Marshall, les îles Gilbert, sont en grand nombre des attolls habités. Il y a donc actuellement émergence.

L'océan Atlantique, au sud de l'équateur, n'offre pas de constructions coralliennes. Le célèbre récif de Pernanbouc n'est pas une roche de corail ; la direction absolument rectiligne de ses longueurs successives aurait dû de prime abord le faire distinguer des vrais récifs-barrières. Ce n'est pas non plus une moraine frontale de glacier, comme le voulait Agassiz. D'après l'examen de M. Liais (1), le récif est une roche de grès à

---

(1) Liais (Emm.), *L'Espace céleste*, page 557 et suiv.

structure feuilletée. Il sert de base à des polypiers, mais ce ne sont pas des polypiers constructeurs. Il dépasse le niveau des basses mers. On a lieu de croire qu'il lutte contre l'érosion par une émergence continue.

Dans le sud de la mer des Indes sont de grands bancs de coraux submergés, comparables à ceux des Antilles. On les voit proche des côtes de Madagascar et autour des îles voisines : les Glorieuses, Cosmoledo, Providence, Jean de Nova, autour de l'île Maurice et de l'île Rodrigue. Les bancs de Cargado Carayos et de Saya de Malha ont chacun une surface plus grande que la Sicile. Le banc des Seychelles est plus vaste encore. Le grand banc de Chagos a, d'après M. Darwin (1), la forme d'un immense atoll complétement submergé. Des bancs plus petits et de même espèce abondent dans les Amirantes et au sud des Seychelles. Toute cette région est évidemment en voie d'immersion.

Avant d'arriver à l'Australie, on rencontre, au sud de Sumatra, le petit atoll de Keeling, étudié par M. Darwin, atoll habité et qui montre une émergence isolée.

Dans la mer de Java, la mer de Banda, autour des Moluques, entre Timor et l'Australie, on voit

____

(1) *Structure of Coral Reefs*, 1842.

un certain nombre de récifs de coraux émergés ;
un plus grand nombre se tiennent à une petite
profondeur. Y a-t-il immersion après émergence,
ou émergence après immersion ? Il est difficile de
décider par la simple considération des récifs de
chaque espèce. Assurément il y a état intermédiaire, passage du mouvement d'un certain sens
au mouvement de sens contraire.

Le long de la côte orientale d'Australie, depuis
le cap Sandy jusqu'au milieu du détroit de Tor-
rès, s'étend le plus grand récif-barrière du globe.
Il émerge par places ; et, dans l'espace compris
entre la barrière et la terre, sont d'autres coraux
émergés. Cet espace est large ; il prouve un mouvement d'immersion de grande amplitude antérieur à l'émergence actuelle.

Un récif-barrière presque aussi important borde
les côtes de la Nouvelle-Calédonie et se prolonge
dans la direction du nord-ouest. Il fait également
saillie au-dessus du niveau de la mer. Nous trouvons une confirmation des signes d'émergence
observés par M. Balansa. Si, suivant la doctrine
acceptée jusqu'ici, nous convenions que l'existence d'un récif-barrière implique un mouvement
d'immersion, nous serions amenés à cette conclusion étrange : que la Nouvelle-Calédonie émerge,
mais que sa ceinture de corail s'immerge.

Des récifs-barrières dépassant la mer s'observent encore dans l'archipel de la Louisiade, aux îles Viti, Tonga, de Cook, Taïti, de Gambier. Dans ces trois derniers archipels et dans les Touamotou, dans l'archipel de Krusenstern, dans la portion de l'archipel Gilbert située au sud de l'équateur, on trouve des attolls émergés et habités. D'autres attolls, en grand nombre, sont épars dans toute la portion de la Polynésie qui s'étend, au sud de l'équateur, depuis la Nouvelle-Calédonie jusqu'à l'île Ducie, la dernière de l'archipel Dangereux. Toute cette zone est en voie d'émergence.

Tels sont les signes fournis par les coraux.

CHAPITRE IV.

CAUSE DES MOUVEMENTS SÉCULAIRES.

Comment doivent se produire les mouvements séculaires s'ils sont dus au déplacement de l'axe. — Retard des terrains. — Mouvements de sens exceptionnel. — Vérification. — Confirmations.

Examinons comment se produiraient les mouvements séculaires s'ils étaient dus au déplacement de l'axe de rotation du globe.

Première hypothèse. — Pour simplifier, imaginons d'abord que l'axe se déplace suivant un grand cercle de la sphère; — et que, durant le déplacement, les parties solides du globe ne changent pas de forme, que seules les mers tendent à fuir les pôles et à se renfler à l'équateur.

Autour du point O pris comme centre (figure 2), je décris deux circonférences: — la circonférence extérieure avec un rayon O E qui représente le rayon équatorial du globe; — la circonférence intérieure avec un rayon O P qui représente le rayon polaire.

Les deux rayons devraient être presque égaux ;

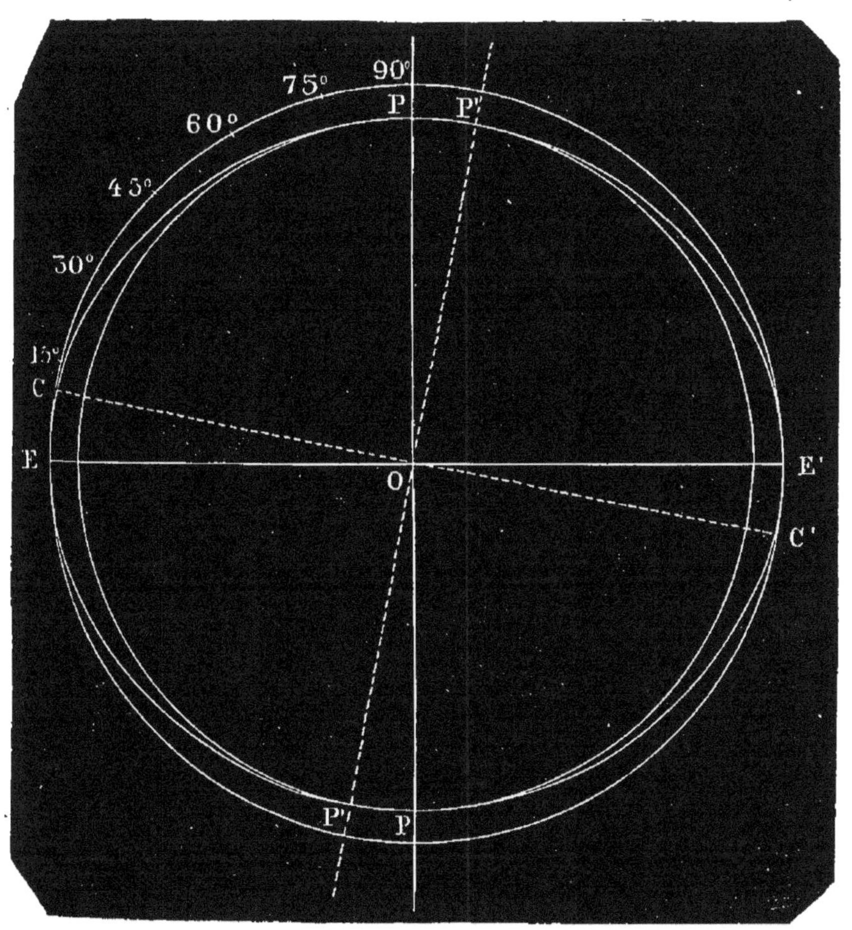

FIGURE 2.

la distance qui sépare les circonférences devrait être égale à la trois-centième partie environ de l'un des rayons. Mais l'épaisseur qu'il faut né-

cessairement donner au trait d'une des circonférences, pour que ce trait soit visible, est déjà
sensiblement égale à la trois-centième partie du
rayon ; ainsi, les deux circonférences se confon-
draient en une seule de trait plus large, et l'ellipse que je veux tracer entre les deux ne serait
pas aperçue. La différence des rayons a été considérablement exagérée.

Le diamètre E E' du cercle extérieur représente l'équateur, le diamètre P P du cercle intérieur représente l'axe de rotation. Ces lignes sont
le grand axe et le petit axe de l'ellipse que je
trace entre les deux circonférences.

L'ellipse représente la forme du globe en rotation, forme déterminée par le niveau marin.

Si l'axe change de position et vient en P' P', l'é-
quateur se place suivant la ligne C C'. Une seconde
ellipse est déterminée par ces deux nouveaux
axes ; ellipse que je ne trace pas pour ne pas com-
pliquer la figure, et parce qu'on la conçoit sans
qu'elle soit tracée. La seconde ellipse représente
la nouvelle situation du niveau des mers.

Dans ce déplacement, tous les continents qui
affleuraient la première ellipse ont éprouvé des
dénivellations. Il y a eu émergence pour les terres
de la portion P' E' de l'ellipse, et pour celles de la
portion opposée ou antipodale P' E. Il y a eu immersion dans les portions C' P et C P. Les terres

situées aux différents points de l'un quelconque
de ces arcs ont éprouvé des dénivellations d'amplitudes inégales, car nulle part les tracés des deux
ellipses ne sont parallèles. Un peu plus loin, nous
étudierons ces différences d'amplitudes.

. Considérons l'axe P P en voie de déplacement,
et tendant à la situation P' P'. Les points situés
proche des pôles et au-devant d'eux sont en voie
d'émergence; — les points situés immédiatement
derrière les pôles sont en voie d'immersion. Au
voisinage de l'équateur, il y a immersion pour les
points desquels l'équateur se rapproche, et émergence pour ceux desquels il s'éloigne. Ainsi,
tout l'arc P E' compris entre le pôle et l'équateur est en voie d'émergence, de même que tout
l'arc antipodal P E. Les deux autres quarts de
l'ellipse, E' P et E P, sont en voie d'immersion.

Soit un point situé au pôle du globe, au point
P, et affleurant le niveau marin. Le pôle s'en
écarte de 180 degrés; à ce moment, le point arrive à l'autre pôle. L'ellipse a tourné d'une demi-
circonférence, ou, si l'on veut, le cercle intérieur
a tourné en sens inverse de la même quantité. Durant son déplacement, le point que nous considérons a été recouvert d'une couche d'eau dont
l'épaisseur a constamment augmenté jusqu'à l'é-
quateur, où elle égalait la distance entre les deux
circonférences, et constamment diminué depuis

7

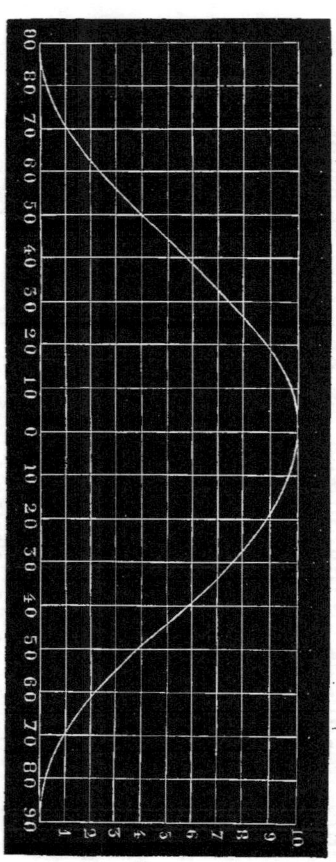

FIGURE 3.

l'équateur jusqu'à l'autre pôle. Il s'agit de déterminer à quels degrés de latitude la couche liquide a gagné ou perdu le plus rapidement et le moins rapidement en épaisseur.

La courbe de la figure 3 répond complétement à cette question. Elle montre les hauteurs successives du niveau marin sur tout le trajet parcouru.

Les chiffres inscrits au bas du tableau sont ceux des degrés de latitude; l'équateur est au milieu, les pôles aux deux bouts.

La ligne horizontale la plus inférieure représente le cercle intérieur; la ligne supérieure, le cercle extérieur. L'espace intermédiaire a été divisé en dix parties égales; chacune des divisions équivaut environ à 2 kilomètres dans l'hypothèse actuelle.

Aux pôles, le niveau marin est à la hauteur zéro. Il s'élève avec lenteur jusque vers le 70° degré. Il acquiert la rapidité moyenne de croissance vers le 68° degré; en ce point, la tangente à la courbe est parallèle à la ligne qui joint le minimum avec le maximum de la hauteur. La rapidité la plus grande est atteinte vers le 45° degré. Puis la vitesse d'élévation décroît, redevient moyenne vers le 22° degré, passe au dessous de la moyenne, et finit par être nulle à l'équateur; où, comme aux pôles, la tangente est horizontale.

La branche ascendante et la branche descendante de la courbe sont symétriques.

La courbe des niveaux a la forme d'une vague ayant son sommet à l'équateur. Le point situé au pôle, et duquel le pôle s'écarte de 180 degrés, passe sous les hauteurs successives de la vague. Le milieu de la hauteur totale de la vague est atteint vers le 45e degré; plus exactement, à 44°55′42″.

Les dénivellations des points de la surface terrestre qui ne sont pas situés sur le grand cercle de déplacement de l'axe, suivent la même marche. Elles ont seulement des amplitudes moindres.

Le cercle extérieur, dans la figure 4, représente le grand cercle de déplacement de l'axe. L'axe est la ligne P P′. La ligne E E′ représente l'équateur.

La ligne P P′ qui figure l'axe, figure également un grand cercle de la sphère, — grand cercle dont le plan est perpendiculaire au plan de l'équateur et au plan du grand cercle de déplacement de l'axe. Afin de n'être pas obligé, à chaque fois que je voudrai le désigner, de répéter cette longue suite de mots, je l'appellerai — le grand cercle polaire. Je lui donne ce nom parce qu'il passe par les pôles et parce qu'il joue le même rôle que les pôles.

Le point O est un point de la surface terrestre,

lequel se trouve à l'intersection de l'équateur et du grand cercle polaire.

Soit un point A situé en un lieu quelconque de la surface du globe. Autour du point O pris

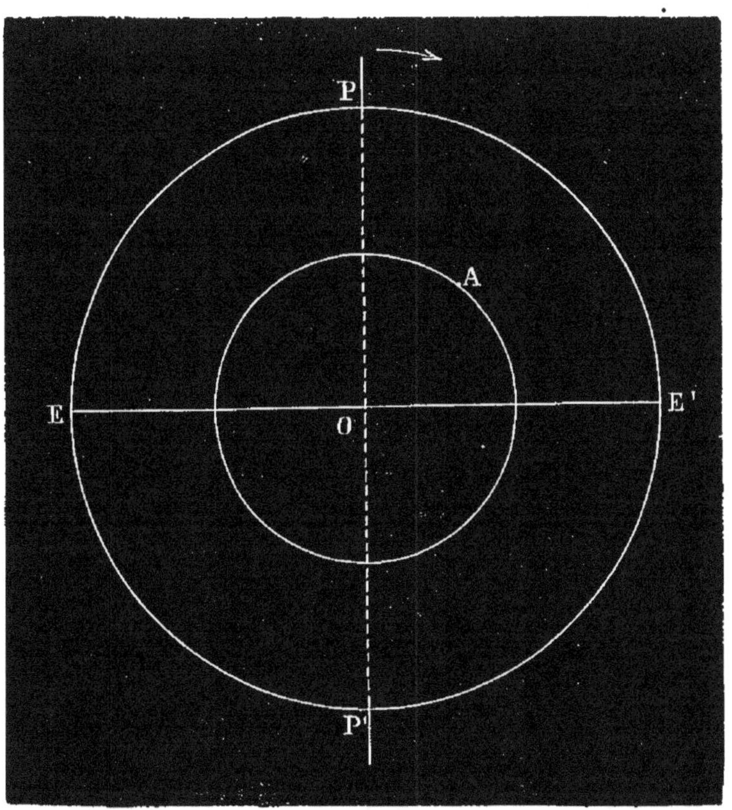

FIGURE 4.

comme centre, je trace sur le globe une circonférence passant par le point A.

Si l'axe se déplace dans le sens indiqué par la flèche, les dénivellations s'opéreront au lieu A exactement comme si le point A se mouvait dans le sens inverse, décrivant la petite circonférence. Les émergences les plus grandes se produiront aux endroits où la petite circonférence coupe le grand cercle polaire ; les immersions maximum, aux intersections de la petite circonférence avec l'équateur. La différence entre le niveau le plus bas et le niveau le plus élevé sera mesurée par le nombre de degrés de latitude qui sépare le point O — de la petite circonférence. Si cette dernière coupe le grand cercle polaire vers le 45e degré, l'amplitude totale des dénivellations du point A égalera environ la moitié des dénivellations propres à un point situé sur le grand cercle de déplacement de l'axe. Le niveau maximum est le même pour tous les points du globe. Le niveau minimum seul varie ; il est indiqué par le tableau de la figure 3. Cette courbe des niveaux est applicable aux dénivellations d'un point quelconque de la surface terrestre, en convenant que la hauteur divisée en dix parties égales représente l'amplitude totale des dénivellations du point considéré.

L'équateur et le grand cercle polaire partagent la surface de la terre en quatre parties égales, antipodales deux à deux ; desquelles les unes sont en voie d'émergence et les autres en voie d'immersion.

Deux points quelconques du globe, situés aux

antipodes l'un de l'autre, subissent des dénivellations de même sens et d'égale rapidité.

Deux points situés sur un parallèle quelconque, à 180 degrés l'un de l'autre, éprouvent des dénivellations d'égale rapidité et de sens inverses.

Seconde hypothèse. — Continuons à supposer que l'axe se déplace suivant un grand cercle de la sphère, et faisons intervenir la déformation de la partie terrestre du globe.

Durant le déplacement de l'axe, la masse terrestre s'aplatit aux pôles et se renfle à l'équateur. J'ai dit plus haut (1) les raisons de cette déformation. La surface des mers prend immédiatement et complétement la forme exigée par les positions successives de l'équateur et des pôles. La masse terrestre est lente à obéir ; ses déformations retardent relativement aux oscillations du niveau des mers.

Si la surface solide s'élevait et s'abaissait en même temps que la surface liquide et avec une amplitude moindre, évidemment les dénivellations séculaires se produiraient comme si les mers seules obéissaient au déplacement de l'axe ; mais elles seraient plus faibles. L'amplitude totale des dénivellations serait égale à la différence entre les mouvements totaux du liquide et du solide.

---

(1) Pages 8 et 247.

La sphère serait encore divisée en quatre parties égales, dont deux en voie d'émergence et deux en voie d'immersion. Cette loi ne subirait que les exceptions relatives aux plissements des couches des terrains, aux actions volcaniques et aux actions de même ordre.

Les couches supérieures des terrains sont sollicitées à former des plis lorsque la surface à recouvrir diminue d'étendue; c'est-à-dire lorsque les masses solides s'affaissent. Les plis se formeront dans les deux quarts de sphère qui sont en voie d'émergence, et principalement dans les régions voisines du grand cercle de déplacement de l'axe. Leur direction sera généralement perpendiculaire à ce cercle.

Dans les deux autres quarts de la sphère les plis tendront à s'effacer.

Lorsque les plis se creusent, il peut y avoir immersion dans une région en voie d'émergence. Lorsqu'ils s'effacent, il peut se produire des émergences dans une contrée en voie d'immersion.

Assurément la nature des terrains joue un grand rôle dans la production des mouvements exceptionnels.

D'autres exceptions peuvent se produire par le retard des déformations de la masse terrestre.

Considérons en effet le pôle, ou le grand cercle polaire, s'avançant vers un rivage quelconque. Lorsque le pôle est proche, le niveau liquide ne baisse presque plus ; la masse terrestre baisse au contraire avec rapidité, elle est loin peut-être de son affaissement maximum. Il se peut donc que le rivage soit en voie d'immersion.

Si l'axe se déplaçait suivant un grand cercle de la sphère, le globe aurait une physionomie particulière. Les pôles creusant toujours un même sillon, les mers s'étendraient sur le grand cercle de déplacement, partout, excepté peut-être aux points actuels des pôles. Les continents seraient placés sur chaque côté de cette ligne, et posséderaient une structure symétrique. Plusieurs raisons encore prouvent que le pôle suit un chemin différent du grand cercle ; on les trouvera plus loin.

Troisième hypothèse, sans restrictions. — Admettons que le pôle se déplace suivant une courbe quelconque $P^1 P^2 P^3$, indiquée dans la figure 5. Le cercle $C T C' T'$ est l'équateur. Le point P^3 est le lieu où se trouve actuellement le pôle. La ligne $T T'$ représente le grand cercle de la sphère tangent à la courbe au point P^3. La ligne $C C'$ représente le grand cercle polaire dans la position déterminée par le point P^3 et le cercle perpendiculaire $T T'$.

L'ensemble est une calotte hémisphérique. La

7.

moitié de la calotte en voie d'émergence est située du côté T'. La moitié située du côté T est
en voie d'immersion.

Dans chacune de ces moitiés le retard des ter-

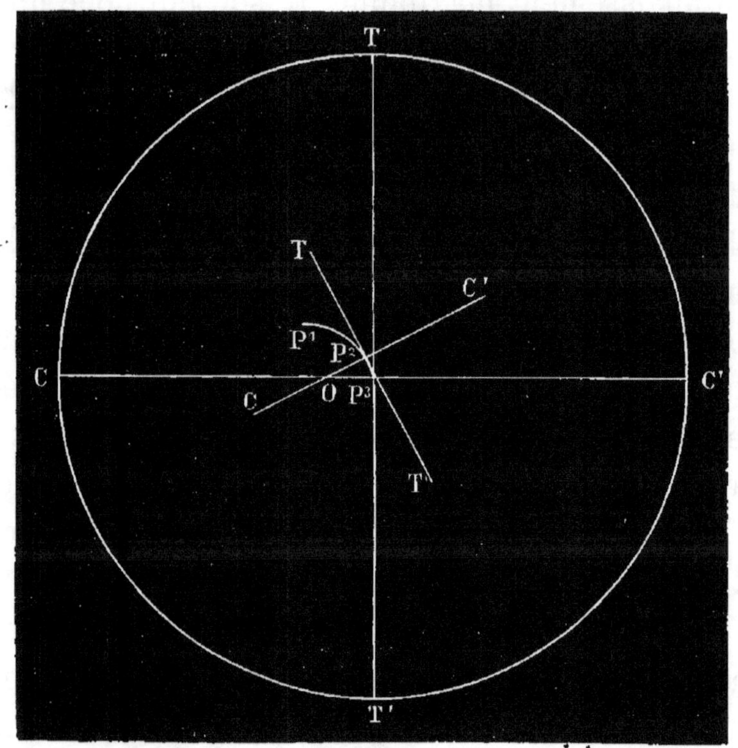

FIGURE 5.

rains produira des dénivellations de sens exceptionnel.

Lorsque le pôle était au point P^2, le grand
cercle tangent à la courbe en ce point se diri-
geait comme l'indique la ligne $t\,t'$; le grand cercle
polaire se trouvait en $c\,c'$. Ainsi, le grand cercle

polaire ne se transporte pas parallèlement à lui-même. Ses intersections avec l'équateur se meuvent en sens contraires. Un point est immobile sur le demi-grand cercle polaire CP^3C', c'est celui qui peut être considéré comme le centre de courbure de la dernière portion de la courbe décrite par le pôle. Le centre de courbure divise le demi-grand cercle polaire en deux portions d'inégale longueur qui se dirigent en sens inverses ; — il est, pour ainsi dire, un pivot.

Le centre de courbure serait un point fixe si la courbe décrite par le pôle était un cercle. Il se rapproche et s'éloigne du pôle suivant que la courbure de la trajectoire polaire augmente ou diminue.

Si, dans le cas présent, le pôle étant au point P^3, le centre de courbure est le point O, — on trouvera, dans la moitié de calotte qui s'immerge, des points en voie d'émergence en avant de la courte portion CO du grand cercle polaire, — et, dans la moitié de calotte qui émerge, on trouvera des points en voie d'immersion en avant de OC', la longue portion du demi-grand cercle polaire.

Telle est, en ce qui concerne le grand cercle polaire, la disposition des points exceptionnels.

Le pôle étant au point P^3, l'équateur se meut comme si les points C et C' lui servaient de pivots. Lorsque le pôle était au point P^2, les pivots de l'équateur se trouvaient sur le cercle $c\,P^2\,c'$, aux intersections de ce cercle et de l'équateur relatif au pôle P^2. L'équateur relatif au pôle P^2 et l'équateur relatif au pôle P^3 sont situés dans deux plans différents, et leur intersection se trouve dans le plan du cercle $t\,t'$. L'ancien équateur était placé, dans l'hémisphère qui nous occupe, au-dessus des points T' et C'.

L'équateur a donc passé récemment sur une zone située au voisinage de C', dans la portion $T\,C'$ de l'équateur actuel. Il s'en est éloigné, et tend à l'envahir une seconde fois. Cette zone fait partie de la portion de calotte qui s'immerge. Le mouvement rétrograde de l'équateur est nul au point C' qui sert de pivot, faible jusqu'à une certaine distance. Là, il y aura émergence, parce que le niveau des mers tend à peine à remonter, tandis que les terrains continuent à s'élever. Vers le point T l'émergence ne se montrera probablement pas, parce que le niveau liquide s'élève avec plus de rapidité, et parce que les terrains ont depuis plus longtemps obéi au mouvement d'élévation.

En résumé, les mouvements de sens exceptionnel (1) dus au retard des terrains seront situés :

---

(1) Voyez la note F, page 259.

Dans les quarts de sphère en voie d'émergence, — au-devant de la grande portion du demi-grand cercle polaire ;

Dans les quarts de sphère en voie d'immersion, — au-devant de la courte portion du demi-grand cercle polaire, et au-devant de la partie de l'équateur voisine de la longue portion du demi-grand cercle polaire.

Vérification. — La carte des antipodes nous servira utilement à contrôler si réellement les dénivellations séculaires sont dues au déplacement de l'axe terrestre. Nous avons vu que, dans cette hypothèse, deux points quelconques situés aux antipodes l'un de l'autre, éprouvent des dénivellations de même sens, — et j'ajouterais d'égale amplitude s'il ne convenait faire des réserves au sujet de la nature variable des terrains et du défaut de coïncidence du centre de figure du globe avec son centre de gravité. Si la trajectoire du pôle nord était marquée sur la carte, ce tracé serait également la trajectoire du pôle sud, puisque les pôles ont toujours été aux antipodes l'un de l'autre. Les longues et les courtes portions des demi-grands cercles polaires sont antipodales, ainsi que les centres de courbure.

Les observations des dénivellations séculaires ne sont ni assez nombreuses, ni assez précises pour que je me hasarde à tracer sur la carte la courbe décrite par le pôle.

Je place, approximativement, le grand cercle polaire sur le méridien qui coupe l'équateur au 38e degré ouest et au 142e degré est, longitude de Paris. Le grand cercle polaire traverse l'antipode de l'Australie, le Groënland, la Sibérie, la mer d'Okhostk, et divise l'antipode du Brésil proche du cap Saint-Roque.

Le grand cercle tangent à la courbe polaire, au point du pôle actuel, est le méridien perpendiculaire au grand cercle polaire ; ce méridien coupe l'équateur au 52e degré est et au 128e degré ouest.

J'estime que le centre actuel de courbure se trouve à l'intersection du grand cercle polaire et du 70e degré de latitude.

Le grand cercle polaire partage la carte en deux moitiés. Le côté où se trouve l'Europe est la moitié en voie d'émergence. Le côté où se trouve l'Amérique du Nord est la moitié en voie d'immersion.

Pour que ma théorie soit vérifiée, il faut :

1° Que nous rencontrions le plus grand nombre des points en voie d'émergence — dans la première moitié ; — le plus grand nombre des points en voie d'immersion, dans la seconde ;

2° Que les exceptions relatives à la première moitié soient en partie groupées à l'ouest du 142° degré de longitude;

, 3° Que les exceptions relatives à la seconde moitié soient, pour une certaine part, groupées à l'ouest du 38° degré de longitude; pour une autre part, le long de l'équateur, à l'est du 142° degré;

· 4° Enfin, que les exceptions placées en dehors des régions ci-dessus indiquées ne soient point très-nombreuses.

Ces dernières exceptions, si elles restent en petit nombre, pourront être attribuées avec vraisemblance aux plissements du sol, au tassement des terrains d'alluvions, aux actions volcaniques, aux érosions des mers et des eaux courantes, enfin, à des erreurs des observateurs, car, sans aucun doute, plusieurs des observations des mouvements séculaires, tenues aujourd'hui pour vraies, seront plus tard reconnues mal fondées. Si leur nombre était considérable, si surtout il s'agissait nettement de mouvements séculaires proprement dits, tels que ceux qui s'affirment dans les espaces peuplés d'attolls, — on serait en droit de conclure que les dénivellations lentes se produisent indifféremment sur tous les points du globe. Examinons.

Dans la moitié de la carte propre aux lieux d'émergence, émergent :

L'Écosse,

La péninsule scandinave, presque en totalité,

Le Spitzberg,

La Nouvelle-Zemble,

La côte de l'océan Glacial arctique, depuis la péninsule scandinave, jusqu'aux environs de l'archipel de la Nouvelle-Sibérie,

La Tasmanie,

La partie de l'Australie voisine du détroit de Bass,

Certains points de la Nouvelle-Zélande,

Divers points des côtes de la péninsule ibérique et de la France baignées par l'Atlantique, et quelques-uns de la côte de la Manche,

Des points très-nombreux des côtes de la Méditerranée et de la mer Noire,

Les régions qui séparent la mer Noire de la mer Caspienne, la mer Caspienne de la mer d'Aral, et le pays qui s'étend entre ces mêmes régions et la mer Glaciale,

Peut-être l'île de Saghalien, l'archipel de Liou-Kieou, l'île de Formose,

Divers points de la côte du Chili et du Pérou,

La côte nord-est de l'Australie,

L'archipel de la Louisiade,

Les îles du Cap-Vert,

Toute la partie de l'Afrique située au nord de l'équateur,

La côte d'Arabie,

Toute la région de la Polynésie qui s'étend, sur 75 degrés de longitude, entre la Nouvelle-Calédonie, les dernières îles des Touamotou et l'équateur,

Les Laquedives et les Maldives,

La côte sud-ouest de l'Inde, Ceylan, le fond du golfe du Bengale,

Les attolls de la mer de la Chine, les îles Péliou et quelques îles voisines.

Dans cette même moitié de la carte, les exceptions groupées à l'ouest du 142e degré de longitude sont :

La région de l'embouchure de l'Amazone,

Les environs de Bahia,

La baie de Rio de Janeiro,

Peut-être certains points des rivages du Japon.

Les exceptions éparses sont les suivantes :

Les nombreux points en voie d'immersion signalés sur les rivages qui bordent au sud la Baltique, la mer du Nord et la mer de la Manche,

Les deltas du Pô et du Nil,

Trois points de la portion nord-est de l'Adriatique,

Deux points de la côte de Syrie,

La pointe orientale de l'île de Crète,

Enfin, les environs du Callao, sur la côte du Pérou.

Dans la moitié de la carte propre aux lieux en voie d'immersion, s'immergent :

La côte sud-ouest du Groënland,

La côte orientale des États-Unis,

Peut-être les rivages du Labrador et du Canada,

La région des îles Bahama et des grandes Antilles,

Les Bermudes,

La Guadeloupe,

Le fond du golfe du Mexique, les côtes du Yucatan, la côte des Mosquitos, ainsi que la portion de la mer des Antilles comprise entre le Guatémala et les grandes Antilles,

L'isthme de Panama,

Le rivage de Rio-Hacha, sur la côte de la Nouvelle-Grenade,

Peut-être les rivages occidentaux de l'Amérique du Nord,

La région de la mer des Indes qui s'étend de l'équateur — à Madagascar, à l'île Maurice et au grand banc de Chagos,

L'archipel Hawaii.

Les exceptions régulières sont les suivantes :

1° A l'ouest du 38° degré de longitude :

La région à coraux émergés qui s'étend entre l'équateur et le nord de l'Australie,

Peut-être quelques-unes des petites Antilles;

2° Le long de l'équateur, à l'est du 142ᵉ degré :

La côte de Pernambouc,

L'archipel des Carolines, l'archipel de Marshall et la portion nord de l'archipel de Gilbert.

Les exceptions irrégulières sont celles-ci :

La pointe de la Floride et ses Keys,

Le rivage d'Indianola,

Le petit attoll isolé de Keeling.

Cette simple énumération suffit, je pense, à démontrer la bonté de ma théorie. Certaines particularités présentées par les mouvements séculaires de quelques lieux du globe vont la confirmer encore.

Autres vérifications. — La côte orientale de l'Australie s'est immergée pendant longtemps; elle émerge depuis peu de temps. Les preuves sont : le grand récif-barrière de l'Australie, très-éloigné du rivage; le petit soulèvement récent observé par M. Darwin dans la Tasmanie; les récifs de coraux qui, au nord de l'Australie, commencent à faire saillie au-dessus de la mer.

La portion méridionale de l'Amérique du Sud a émergé pendant longtemps; ses terrasses régulières le prouvent. Aujourd'hui, plus de mouvements réguliers, et déjà plusieurs points sont en voie d'immersion.

L'Australie et l'Amérique du Sud sont situées environ sur les mêmes méridiens ; le pôle est entre les deux régions. Immédiatement avant l'époque actuelle, le pôle devait s'écarter de l'Australie et se rapprocher de l'Amérique du Sud. Il doit actuellement se diriger dans un sens à peu près perpendiculaire aux méridiens qui traversent les deux pays. Cette trajectoire s'accorde avec le chemin polaire indiqué par l'ensemble des mouvements séculaires modernes.

Les récifs de la Nouvelle-Calédonie et des îles Loyalty marquent une émergence qui date de plus longtemps que celle de la côte orientale d'Australie. Le grand cercle polaire a donc passé sur la Nouvelle-Calédonie avant d'arriver sur l'Australie.

Les bords des terrasses de la Patagonie ont paru à M. Darwin être sensiblement parallèles au niveau marin. Si la mer seule obéissait au déplacement polaire, les terrasses seraient plus élevées au nord qu'au sud de la Patagonie. Mais les terrains ont dû, comme la mer, s'affaisser plus au nord qu'au sud ; il y a eu ainsi tendance au rétablissement du parallélisme.

Les terrasses de la Norvége paraissent plus élevées au sud qu'au nord. Les affaissements simultanés des terres et du niveau de la mer ont leur plus grande amplitude au sud de la Norvége. Le retard des terrains cause le défaut du parallélisme.

Si les terrasses de la Patagonie sont parallèles au niveau de la mer, et si celles de Norvége ne le sont pas, on doit en voir la raison dans ce que la Norvége émerge depuis peu de temps, et n'est pas même parvenue à la rapidité maximum d'émergence, — tandis que la Patagonie n'émerge probablement plus ; qu'ainsi le retard des terrains à son influence en Norvége et s'est comblé en Patagonie.

La longue côte à lambeaux de terrasses, qui s'étend de la Terre de Feu jusqu'au Pérou, est plus distante que la Patagonie de la limite du demi-cercle d'émergence; les terres doivent s'y affaisser avec environ la même rapidité que la mer ; d'où l'immobilité apparente. Le retard des terrains n'est pas encore comblé. Les lieux où le retard est le plus grand sont ceux où l'émergence à eu sa plus grande amplitude. Ainsi s'explique que les terrasses à coquilles récentes soient plus élevées à Valparaiso qu'au Pérou.

Les ruines des maisons indiennes qu'on retrouve groupées dans les hautes vallées des Andes, en des lieux stériles, et proche de la limite des neiges persistantes, impliquent, nous l'avons vu, un changement de climat. Un simple mouvement séculaire d'élévation, sans déplacement du pôle, n'expliquerait pas que le climat eût changé rapidement, au point de rendre déserts des lieux jadis populeux. L'élévation du sol qui a pu se produire depuis l'époque où les maisons furent bâties, est nécessairement petite. Une chaîne de montagnes du nord de la République Argentine porte le nom de *Sierra Despoblada*, c'est-à-dire dépeuplée. La tradition remonte peut-être jusqu'au temps où le climat permettait de vivre dans les vallées élevées. Mais si l'approche du pôle coïncide avec l'élévation du sol, on comprend que la température et le climat aient varié sur les hauteurs dans une mesure plus large et avec une rapidité plus grande.

La même remarque est applicable aux plateaux de l'Auvergne qui, selon plusieurs auteurs, jouissaient d'une température meilleure à une époque récente.

D'après M. Keilhau (1), les forêts de la Norvège sont bordées, à leur limite supérieure, de larges lisières d'arbres morts et restés debout.

---

(1) Cité par Élisée RECLUS, *La Terre*, 1868, 1er vol., p. 759.

L'élévation du sol de la Norvége qui a pu se produire pendant le temps que met un arbre mort à tomber en poussière, est assurément peu importante. Encore ici il faut faire intervenir le déplacement polaire (1).

____

(1) Voyez la note G, page 261.

CHAPITRE V.

Dans ce chapitre je veux montrer que ce que nous savons des phénomènes glaciaires actuels et anciens prouve le déplacement du pôle à la surface du globe.

Phénomènes glaciaires actuels. — La neige tombe en toutes saisons sur les sommets des Alpes. Portée par le vent, roulée en avalanches, elle s'accumule dans les hautes vallées, elle s'y tasse. La fonte partielle opérée par les rayons solaires ou les vents chauds, l'eau qui ruisselle des pentes voisines, le regel des nuits, les pressions subies, —

transforment successivement la neige accumulée en nevé, puis en glace compacte. Ainsi naissent les glaciers.

Un glacier coule à la manière d'une masse visqueuse, plus rapidement au milieu que sur les bords ; plus vite, si la pente augmente. Mais sa substance résiste mal aux élongations : elle se fend, se divise par des crevasses, partout où il y a effort marqué de traction.

Le glacier coule jusqu'à l'altitude où la température est assez chaude pour fondre la glace aussi vite qu'elle arrive. Les principaux glaciers des Alpes se terminent entre les altitudes de 1000 et de 2000 mètres ; tandis que la limite des neiges persistantes est à 2700 ou 2800 mètres. Le plus long est celui d'Aletsch, il a 22 kilomètres. Le plus puissant par sa masse est, croit-on, la Mer de Glace ; sa longueur n'est que de 14 ou 15 kilomètres. On estime que la neige tombée au sommet de la Mer de Glace (au col du Géant), met en moyenne cent vingt ans à arriver au bas du glacier.

Les pierres et la terre qui glissent par les couloirs, ou tombent des rocs prochains, forment sur les deux côtés du glacier des bordures qu'on nomme moraines latérales. Quand deux glaciers s'abouchent pour n'en faire qu'un seul, deux moraines latérales se joignent et produisent une moraine médiane. La Mer de Glace a quatre moraines médianes. Au point où finit le glacier, les blocs et les parties terreuses s'accumulent en un amas irrégulier nommé la moraine frontale.

Durant le trajet, les moraines médianes ne se confondent pas entre elles, ni avec les moraines latérales. Il arrive que des blocs tombent dans les crevasses, principalement aux portions du glacier très-tourmentées, qu'on nomme les cascades ; mais, par le fait de la fonte de la surface du glacier, les moraines disparues reparaissent plus loin, et tracent de nouveau leurs lignes distinctes et sensiblement parallèles. De cette manière, un bloc provenu d'une roche particulière du bassin du glacier parvient en un lieu déterminé de la moraine frontale.

Les blocs anguleux, détachés de leur gisement par la gelée, parviennent à la moraine frontale avec leurs arêtes vives, sans trace d'usure. Quelques-uns sont très-gros ; on en cite qui ont un volume de plusieurs milliers de mètres cubes.

A la suite d'années sèches et d'étés chauds, les glaciers diminuent de longueur, et leurs moraines frontales sont déposées moins loin. A la suite d'années pluvieuses, la longueur des glaciers est accrue, et les dernières moraines frontales sont repoussées comme par l'action d'un râteau. A quelque distance au-dessous de presque tous les glaciers des Alpes, on voit d'anciennes moraines espacées. La plus éloignée est la plus ancienne. Elles marquent les longueurs maximum atteintes par les glaciers dans des oscillations successives.

Parfois il arrive qu'une ancienne moraine frontale forme un barrage, et qu'un lac s'établit entre cette moraine et le glacier. Les débris qui tombent dans le lac se stratifient dans une certaine mesure. Les digues de ces lacs sont sujettes à se rompre. Alors, un flot subit se précipite sur les moraines inférieures, en arrache les parties menues, en disperse les blocs, et y laisse encore des apparences stratifiées.

La fonte à la surface des glaciers produit des ruisseaux, lesquels se creusent des lits, pénètrent dans les fentes, les élargissent, et se frayent une voie jusqu'au plus profond de la glace. Ces ruisseaux entraînent du sable et des pierres. Les mêmes matériaux tombent dans le vide qu'on remarque pendant l'été, en de nombreux endroits, entre le bord du glacier et la roche. D'autres encore sont directement arrachés au lit du glacier. Ces débris enchâssés dans la glace se meuvent avec elle, glissent contre le fond, et, pressés avec une puissance énorme, ils l'usent et s'usent eux-mêmes. Aussi, le torrent qui sort de chaque glacier est chargé de boue.

Les glaciers n'érodent presque pas à leur portion supérieure, où ils sont faits de nevé, parce que le fond du nevé et le lit rocheux sont complétement gelés et adhèrent l'un à l'autre. Ceci a été mis en lumière par M. Dollfus-Ausset. L'érosion devient sensible dès le point où des filets liquides pénètrent entre le glacier et la roche. M. Tyndall (1) a constaté que le mouvement des glaciers est très-faible vers leur extrémité inférieure.

Les surfaces rocheuses laissées à découvert par le recul des glaciers présentent des marques spéciales. On y voit des cannelures, des stries disposées par séries parallèles ; quelques roches sont admirablement polies. Celles qui formaient des saillies sont adoucies dans leurs contours, arrondies, et dessinent une pente douce vers l'amont ; on les nomme *roches moutonnées*. On voit aussi des trous en forme de cuves, dus évidemment aux chutes d'eau qui donnaient aux pierres et aux sables un mouvement giratoire dans les cavités du fond.

Les blocs employés à l'érosion du lit sont souvent polis et striés sur une au moins de leurs faces. Ils sont rares : Lyell (2), visitant la moraine frontale du glacier du Rhône, examina plusieurs milliers de pierres avant d'en découvrir une qui, par ses stries on son poli, différât des cailloux ordinaires d'un lit de torrent. Les fragments de

---

(1) TYNDALL (J.), *Les Glaciers*, Paris, 1876, page 95.
(2) LYELL, *Ancienneté de l'homme*, Paris, 1870, page 336.

serpentine et de calcaire sont ceux qui reçoivent et conservent le mieux les empreintes d'actions glaciaires ; Lyell étudia les moraines des glaciers de Zermatt, de Viesch et autres, où de tels fragments sont abondants : « Pour un seul, dit-il, qui présentait ces caractères, il y en avait des centaines qui en étaient complétement dépourvus. »

Lyell (1) attribue la forme arrondie de l'immense majorité des pierres des moraines, aux frottements qu'elles ont pu subir sous la glace, contre les roches, ou les unes contre les autres. Je crois qu'on peut y ajouter l'action de l'eau chargée de sables qui coule entre les glaciers et leur lit. En outre, le plus grand nombre des cailloux est descendu jusqu'aux glaciers par les couloirs avoisinants, et les cailloux des couloirs, presque tous, ont déjà leurs saillies émoussées.

Les glaciers des Pyrénées sont beaucoup plus petits que ceux des Alpes, et moins nombreux. La Sierra Nevada, dont les sommets sont plus élevés que ceux des Pyrénées, n'a qu'un seul petit glacier (2), situé à la source du Genil. La chaîne du Caucase, dont quelques pics sont plus hauts que le mont Blanc, ne contient que des glaciers

---

(1) *Ancienneté de l'homme*, Paris, 1870, page 324.
(2) Reclus (Élisée), *Nouvelle Géographie universelle*, Paris, 1876, 1er vol., page 714.

moindres que ceux des Alpes. Les Carpathes, l'Oural n'ont pas de glaciers.

Les glaciers de la péninsule scandinave sont nombreux mais petits. Le plus étendu, celui de Lodal, a environ 8 kilomètres de longueur. Ils descendent jusqu'à la mer, suivant de Buch, vers le 67e degré de latitude.

Des massifs énormes de l'Asie centrale, principalement du Karakorum, coulent les plus grands glaciers des zones tempérées. Celui de Baltoro a 58 kilomètres de longueur sur 3 ou 4 de largeur. Les principaux appartiennent aux faces méridionales des chaînes, parce qu'il y neige plus abondamment que sur les faces septentrionales.

L'Amérique du Nord n'a de grands glaciers qu'au voisinage du pôle. Le Groënland renferme les plus puissants que l'on connaisse aujourd'hui. Le glacier de Humboldt débouche dans la mer au 80e degré de latitude avec une largeur de 111 kilomètres. Plus près du pôle, Hayes en a vu de plus larges encore. On ne sait pas leur longueur; celle-ci dépasse la moitié de la largeur du Groënland, car, d'après Rink, la plus grande portion des glaces se décharge sur la côte occidentale. Le Groënland, au nord de l'île de Disco, est large d'environ 1,000 kilomètres. La longueur de ces glaciers gigantesques peut donc être estimée entre 500 et 800 kilomètres.

D'après M. Payer, le glacier Dove, dans la Terre de Wilczek, au nord de la Nouvelle-Zemble, est aussi large que celui de Humboldt.

Le Groënland et les autres terres arctiques se montrent couvertes d'un épais manteau de glace et de neige, qui coule lentement et se renouvelle sans cesse. En été, les neiges fondent sur les points bas, jusqu'à des altitudes qui varient entre 100 et 500 mètres. Les glaciers plongent dans la mer ; parfois, ceux du Groënland arrivent vers un escarpement, au fond d'un fjord, et là, rompus, ils présentent une épaisseur verticale que Rink a vu s'élever à 600 mètres. Des roches aiguës trouent le manteau, et fournissent de rares moraines. L'épaisse masse glacée comble les accidents du terrain, et se meut par-dessus les vallées et les cîmes secondaires à peu près comme si elles n'existaient pas.

Dans l'Amérique du Sud, la haute chaîne des Andes ne contient que de rares petits glaciers depuis le Venezuela jusqu'au centre du Chili. Plus au sud les glaciers abondent ; ils descendent jusqu'à la mer dès le 47e degré de latitude, au golfe de Peñas.

On n'a pas étudié les glaciers des terres voisines du pôle antarctique. Il ne reste à signaler dans l'hémisphère austral que les glaciers de la Nouvelle-Zélande ; ils sont à peu près à la même latitude que les Alpes, et, sur la côte occidentale, s'abaissent jusque beaucoup plus près du niveau de la mer. L'un d'eux, celui de Waiau, descendu du mont Cook, la plus haute montagne de l'île, se termine à 212 mètres d'altitude. Il est situé par 43°35′ de latitude.

L'hémisphère sud est plus froid que l'hémisphère nord ; en outre, il neige abondamment sur les faces occidentales des montagnes de la Patagonie et de la Nouvelle-Zélande.

Les glaciers du Groënland et des terres voisines du pôle nord coulent comme ceux des Alpes, — rongent leur lit et transportent des blocs de la même manière. Il paraîtrait seulement que le nevé de la partie supérieure s'étend davantage en proportion de leur longueur totale. La boue et les autres produits de l'érosion forment le long des côtes des bancs vaseux où fourmillent les mollusques.

Quand les glaciers plongent dans la mer, ils continuent à glisser sur la roche ; mais un moment arrive où la tendance de la glace à surnager produit une rupture ; alors se détachent des portions parfois énormes de la partie inférieure des glaciers, qui, chargées encore de pierres et de boue, oscillent, flottent et dérivent entraînées par le vent et les courants ; ce sont les *glaces flottantes*.

La partie immergée d'un bloc de glace pure est de sept à huit fois plus volumineuse que la partie qui dépasse le niveau de la mer. Si le bloc de glace renferme des pierres, la portion immergée augmente dans une proportion rapide. On a vu des glaces flottantes longues et larges de plusieurs kilomètres, et dont la hauteur au-dessus de la mer dépassait 60 mètres. On conçoit avec quelle puissance ces masses, qui tiennent des blocs enchâssés, peuvent labourer et buriner le fond de la mer lorsqu'elles viennent échouer sur un haut-fond.

Les glaces flottantes produites près du pôle nord arrivent en grand nombre dans l'océan Atlantique par la mer de Baffin et le détroit de Davis; elles suivent le courant d'Hudson et se dirigent vers l'île de Terre-Neuve. Quelques-unes voguent dans les parages de l'Islande. Quelques autres pénètrent par le détroit de Behring dans l'océan Pacifique. Elles diminuent à mesure qu'elles trouvent une mer et une atmosphère plus chaudes; souvent elles chavirent et laissent tomber leurs débris pierreux. Échouées, elles fondent, et quand leur diminution les fait de nouveau flotter, elles avancent jusqu'à un fond plus élevé, ou reprennent le chemin de la haute mer.

Dans l'hémisphère nord, on a rencontré des glaces flottantes jusqu'à la latitude des Açores, au 40e degré. Dans l'hémisphère sud elles apparaissent jusque vers le cap de Bonne-Espérance, à 5 degrés plus près de l'équateur. Les glaces flottantes venues du pôle sud sont au moins aussi nombreuses et aussi chargées de débris rocheux que celles venues du pôle nord. On peut en induire que les terres du pôle sud sont vastes et leurs glaciers importants.

Il est des glaces flottantes qui ne proviennent pas des glaciers.

Dans la mer Baltique et dans le golfe du Saint-Laurent, à chaque printemps, la surface glacée de la mer se brise, les glaçons se heurtent, se chevauchent ; quelques-uns portent des pierres et de la terre, parfois des blocs puissants ; ils les charrient et les répandent où ils fondent. Le docteur Forchhammer (1), dont les observations ont porté sur l'entrée de la Baltique, a constaté que des glaces s'y forment au fond de l'eau, comme dans les fleuves, qui, lorsqu'elles sont assez volumineuses pour flotter, montent à la surface chargées de sables, de graviers, de pierres et de plantes marines. Il rapporte qu'un navire coulé en 1807 dans la rade de Copenhague, fut vu en 1844, lorsqu'on en tentait le sauvetage, tout couvert de roches entassées. De semblables accumulations

---

(1) Lyell, *Principes de Géologie*, Paris, 1873, t. I, p. 508.

de blocs se produiraient sur tous les navires som-
brés dans le Sund. Ces faits font comprendre
comment le long des rivages de la Baltique s'étend
une ligne de blocs, comparable à une ceinture de
coraux, mais moins régulière ; entre cette ligne et
la terre est un espace de mer tranquille dont pro-
fitent les petites barques pour la navigation cô-
tière.

Dans les mers polaires, les débâcles et les tempêtes agissent sur des glaçons plus épais. Ils s'em-
pilent où l'orage les pousse, contre les banquises
ou dans les baies. Les glaces flottantes ainsi formées contiennent souvent des couches alternées
de neige et de glace compacte. Elles ont moins
d'importance géologique que celles des espèces
précédentes, parce qu'elles ne transportent presque
pas de matériaux rocheux.

Sur les hauts-fonds où échouent les glaces flottantes, on voit les blocs transportés répartis par
ordre de grosseur : les plus petits parviennent
jusque dans les eaux les moins profondes.

Phénomènes glaciaires anciens. — Supposons
que le climat du Groënland se réchauffe, — que
lentement les glaciers diminuent, qu'ils disparaissent au bout de quelques centaines de siècles
après avoir subi des oscillations semblables à
celles des glaciers actuels des Alpes ; — que la

végétation, à mesure du recul des glaces, se soit emparée du terrain ; que la pluie, les torrents, les fleuves se soient livrés à leur tâche habituelle d'érosion ; — et qu'alors, pour la première fois, des géologues viennent étudier ce pays : — ils pourront y reconnaître l'existence, et, jusqu'à un certain point, l'importance des anciens glaciers. Ils retrouveront des débris de moraines ; ils verront de gros blocs dont la nature indique le gisement primitif, et dont la distribution lointaine, régulière et les formes anguleuses marquent qu'ils n'ont pu être transportés que par des glaciers ; ils trouveront des pierres polies ou striées ; ils verront des roches moutonnées, creusées de cuves, burinées de stries. Ils ne découvriront pas ces traces d'actions glaciaires partout où les glaciers ont passé, parce que la végétation, les agents atmosphériques, les érosions des eaux courantes, les éboulements des terrains, en auront fait disparaître la plus grande partie ; les roches s'usent à l'air et perdent leur poli et leurs stries, les eaux minent les moraines ; les témoins les plus persistants sont encore les gros blocs dispersés qu'on nomme les *erratiques*. Mais il suffira qu'ils aient la preuve que quelques glaciers ont été d'une longueur énorme, que quelques vallées ont été absolument comblées de glace et que les blocs erratiques les ont franchies par le travers, — pour qu'ils puissent conclure que le pays tout entier a subi un froid et une action glaciaire considérables.

L'étude que nos géologues supposés ne pourraient faire au Groënland que dans un temps si éloigné, a été faite à une époque récente dans d'autres régions du globe.

Les Alpes ont été couvertes d'un manteau de glace égal peut-être en épaisseur à celui du Groënland. Le petit glacier de la source du Rhône, long aujourd'hui de 6 kilomètres à peine, s'est étendu dans tout le Valais, a franchi le lac de Genève et le lac de Neuchâtel, a dépassé le lieu où Berne est bâtie, et a porté des roches jusque plus loin que Soleure. Le bloc erratique qu'on appelle le bloc de Charpentier, provient d'une sommité située sur la rive gauche du Rhône près de sa source ; il est à Steinhof, à 16 kilomètres plus loin que Soleure, à 240 kilomètres du point de départ ; c'est une masse de granite talqueux dont le volume dépasse 1,700 mètres cubes. Des blocs de granite pris au flanc oriental du mont Blanc ont été trouvés sur le mont Chasseron, à l'ouest du lac de Neuchâtel, à une hauteur de 1,440 mètres au-dessus du niveau de la mer.

Le glacier de la vallée du Rhin, plus vaste encore que celui de la vallée du Rhône, s'étendait au delà du lac de Constance. Du côté de l'Italie, d'autres glaciers dépassaient les lacs Majeur, de Côme et de Garde.

Les pierres à stries et à poli caractéristique de l'action glaciaire sont nombreuses dans les moraines extrêmes de ces grands glaciers. Lyell (1) examinant des parties de la moraine de Mazzè, au sud d'Ivrée, où abondaient les fragments de calcaire et de serpentine, aperçut des marques indiscutables sur le tiers du nombre total des cailloux de toute espèce. Les fragments de quartz n'étaient jamais striés; ceux de granites, de mica, de schistes, de diorite, l'étaient rarement; ceux de serpentine étaient marqués dix-neuf fois sur vingt. L'examen de débris d'anciennes moraines de Soleure lui donna des résultats semblables. Lyell attribue la fréquence relativement considérable des cailloux striés dans les moraines des grands glaciers, à la distance parcourue par les pierres et à l'énorme pression subie.

Les stries des roches calcaires se conservent bien sous une couche de terre végétale. On a pu en observer jusqu'en des points très-élevés sur les montagnes qui bordent les vallées des Alpes.

Les autres signes : roches moutonnées, cuves, etc., sont plus rares, mais ne font pas absolument défaut (2).

---

(1) *Ancienneté de l'homme*, Paris, 1870, pages 336 et 340.
(2) Voyez la note H, page 264.

La péninsule scandinave, l'Écosse, le pays de Galles, présentent au moins au même degré que les Alpes les traces de l'action glaciaire. Beaucoup d'autres pays les présentent à divers degrés. J'en donnerai l'énumération tout à l'heure.

Il importe de distinguer les traces laissées par les glaciers proprement dits, — des terrains et des marques d'origine marine, que l'on croit contemporaines de l'extension des glaciers. Il fut un temps où l'on attribuait aux glaces flottantes la majeure partie des traces dues aux glaciers terrestres. Les glaciers gigantesques impliquent un froid intense et de longue durée, sévissant loin des points actuels des pôles. Les terrains formés par les glaces flottantes, lesquelles voguent à si grande distance des régions polaires, ne nécessitent pas, à beaucoup près, des modifications climatériques aussi considérables. Aujourd'hui les glaces flottantes apportent au voisinage de Terre-Neuve les débris des terres arctiques ; les bancs de Terre-Neuve sont à la même latitude que le midi de la France. On faisait intervenir des mouvements séculaires à grande amplitude, on les compliquait, on les multipliait, et tout paraissait expliqué.

Lyell avait donné l'exemple. Il avait émis l'idée que les erratiques provenus du Valais avaient été portés sur le Jura par les glaces flottantes. La mer aurait alors atteint un niveau qui dépassait l'altitude des blocs trouvés sur le Chasseron. On pouvait objecter l'absence de coquilles marines dans la région. Mais cette objection n'avait que la force d'une preuve négative; on pensait que les mers froides renfermaient peu de mollusques; les coquilles pouvaient avoir été détruites, ou exister en petit nombre et demeurer cachées. Le docteur Torell ne devait que plus tard constater l'exubérance de la vie des mollusques dans les boues glaciaires des mers arctiques. Heureusement M. Guyot et quelques autres géologues étudièrent minutieusement la nature de chacun des erratiques, sa situation, et le lieu de sa provenance. Les glaces flottantes auraient distribué les blocs un peu au hasard. Or, les blocs sont rangés suivant un ordre parfait, suivant l'ordre que seuls les glaciers peuvent donner. Lyell vint d'Angleterre, vérifia les observations des géologues suisses, puis, avec une bonne foi profondément respectable, il imprima dans toutes les éditions de ses ouvrages qu'il s'était trompé.

Dans les vallées de l'Écosse sont des terrains à caractère glaciaire d'une grande épaisseur. Précisément à cause de leur puissance on les avait attribués aux glaces flottantes. Agassiz et M. Robert Chambers montrèrent, par l'étude des blocs erratiques et des sillons des roches, que l'Écosse avait été « surmoulée en glace » (1). M. Jamieson vit sur les côtes est et ouest, que les pointes de roches saillantes et les mamelons isolés étaient polis et marqués de stries sur la face qui regarde l'intérieur du pays, et étaient restés intacts sur la face qui regarde la mer; il ne s'agissait donc pas des glaces flottantes. D'après M. Jamieson l'Écosse était alors plus émergée qu'aujourd'hui (2). M. Geikie examina les matériaux qui composaient les terrains glaciaires, et trouva qu'ils consistaient « dans tous les cas, en débris des roches qui longent le même bassin hydrographique » (3).

La péninsule scandinave offre, jusqu'à des hauteurs de 1,800 mètres, des traces considérables de l'action glaciaire. On pensa aux apports des glaces flottantes venues du pôle pendant une immersion du pays. Le professeur Kjerulf, de Christiania, s'appuyant sur l'origine des erratiques et les directions des stries, démontra que la Norvége et la Suède avaient été couvertes d'un manteau de glace, semblable à celui qui couvre aujourd'hui le Groënland.

Un terrain de structure glaciaire est certainement d'origine marine s'il contient des coquillages

---

(1) LYELL, *Éléments de Géologie*, Paris, 6ᵉ éd., t. I, p. 244.
(2) LYELL, *Ancienneté de l'homme*, Paris, 1870, page 267.
(3) LYELL, *Ancienneté de l'homme*, Paris, 1870, page 274.

d'espèces arctiques, — ou si les matériaux qui le composent proviennent d'une terre éloignée, séparée du gisement actuel par une mer profonde.

La stratification n'est pas une preuve. Un grand nombre de terrains morainiques, d'origine purement terrestre, sont plus ou moins stratifiés. La moraine de Mazzè est stratifiée (1). Les terrains glaciaires de Saint-Ombre, près de Chambéry, présentent fréquemment des lits alternés de gravier, de cailloux, de sable et de limon. Les moraines immergées par les mouvements séculaires, puis émergées, montreront plus sûrement encore l'apparence stratifiée. Tel est le cas des moraines les plus basses des côtes anglaises : beaucoup d'entre elles offrent des coquilles sur leur face supérieure.

Les couches contournées et pliées sont un signe qu'on croyait spécial aux formations marines. Les glaces flottantes, en échouant sur des couches planes et peu résistantes, peuvent y produire des plis par le simple fait de la pression. Si des fragments de glace s'enfoncent dans le terrain, et viennent à être recouverts par de nouvelles couches de sable et de limon, on comprend qu'après leur fusion lente, les glaces laisseront les couches diversement contournées. Mais les glaciers exercent

---

(1) Lyell, *Ancienneté de l'homme*, Paris, 1870, page 339.

parfois des pressions contre leurs moraines terminales ; et, très-loin de la mer, dans le nord de l'Asie et de l'Amérique, on trouve des terrains qui contiennent des masses puissantes de glace à une certaine profondeur.

On ne connaît que de très-rares terrains glaciaires dont l'origine marine soit certaine. Ils sont tous à une faible hauteur au-dessus du niveau actuel de la mer. Ils ont la même structure que les terrains morainiques proprement dits. Les coquilles qu'ils renferment n'indiquent généralement pas un climat bien rigoureux. Ils ont pu se former longtemps avant ou longtemps après le moment où le froid sévissait avec sa plus grande intensité sur les rivages qu'ils occupent.

Des blocs erratiques sont disséminés à la surface des plaines basses de la Russie, de la Pologne, de l'Allemagne du nord, du Danemark, du nord de la Hollande, et de la côte du Norfolk en Angleterre. Les erratiques de la Russie et d'une partie de la Pologne sont venus des montagnes de la Laponie et de la Finlande. Ceux des autres pays sont originaires des montagnes de la Norvége et de la Suède. D'après Boetlingk, les montagnes de la Laponie ont également envoyé des masses pierreuses sur divers rivages de l'océan Glacial arctique. Certains blocs ont été retrouvés à une distance de 1,600 kilomètres de leur lieu de départ. Les plus petits sont allés le plus loin du point d'origine. On trouve aux mêmes endroits de la boue, des graviers, et quelquefois des coquilles d'espèces récentes.

Il n'est pas douteux qu'ils aient été portés par les glaces flottantes ; mais il est très-douteux que ces glaces aient été fournies par des glaciers, et il est très-douteux que les transports aient été effectués au moment du plus grand froid. Encore aujourd'hui, les glaces de la Baltique soulèvent et transportent des blocs. « Le professeur de Baer (1) rapporte, dans une communication faite par lui à ce sujet à l'Académie de Saint-Pétersbourg, que, pendant l'hiver de 1837 à 1838, un bloc de granit, pesant un million de livres, fut amené par la glace, de la Finlande à l'île de Hockland, et que, vers les années 1806 et 1814, deux blocs énormes furent transportés par des glaces empilées sur la côte méridionale de la Finlande. » Si, le climat restant le même, la mer Baltique pouvait élargir lentement ses rivages, elle sèmerait à nouveau ses bords de blocs erratiques, jusqu'aussi loin qu'elle arriverait à s'étendre ; et, se retirant, elle en abandonnerait une grande partie.

Quand même le fond de la Baltique, le fond de

----

(1) Lyell, *Principes de Géologie*, Paris, 1873, t. I, p. 508.

la mer Blanche et celui de la mer du Nord auraient été à sec au moment du plus grand froid,
— il suffit que postérieurement ces mers aient
pu lentement s'étaler sur les moraines des glaciers et gagner les limites extrêmes marquées
par les blocs, pour que ceux-ci aient été distribués ainsi qu'on le remarque. Il n'est même pas
nécessaire de supposer un climat plus froid que
le climat actuel. Les erratiques de la région dont
nous venons de nous occuper, ne prouvent pas la
submersion du nord de l'Europe au moment du
froid le plus intense.

Peut-être les glaces flottantes ont-elles strié et
poli les roches autrement que les glaciers. La
comparaison n'a pas pu être faite, parce qu'on ne
connaît pas de marques qu'on puisse rapporter
avec certitude aux glaces flottantes. Il est probable que ces dernières ont produit des traces
nombreuses et accumulé des masses de débris à
l'époque des grands glaciers ; — mais les productions glaciaires d'origine marine ne sont guère
visibles sur les terres actuellement émergées.
Plus loin, nous examinerons quel devait être le
niveau de la mer au moment de la plus grande
extension des glaciers terrestres.

Ainsi, les Alpes, l'Écosse, la péninsule scandinave ont, à une certaine époque, été couvertes

de glaces, comme le sont aujourd'hui les terres voisines du pôle. Des traces de vastes glaciers ont également été observées dans les Pyrénées, dans les montagnes de l'Auvergne, les Vosges, les montagnes du Pays de Galles et de l'Irlande, les montagnes de l'Allemagne, les Carpathes. Les traces glaciaires de l'Asie ont été moins étudiées ; les auteurs ne sont pas d'accord sur le point de savoir si l'Altaï et les monts de la Chine en renferment. Hooker a vu, à la base de l'Himalaya, d'anciennes moraines former des barrages à travers les vallées ; et il a constaté la présence de terrains morainiques en Syrie : les cèdres du Liban croissent sur des terrains de cette espèce. Les traces glaciaires se montrent dans la partie orientale de l'Amérique du Nord, au Canada et dans les États-Unis, jusque vers le 38e degré de latitude ; — et jusque vers le 46e dans la partie occidentale.

Les débris accumulés par les grands glaciers ne sont pas rares dans les régions équatoriales de l'Amérique. M. Elisée Reclus en a constaté la présence sur le littoral de la Colombie, au pied de la Sierra de Santa-Marta M. Acosta les a vus sur l'autre versant de la même chaîne, au bas du côté soumis actuellement à la sécheresse. M. Ancizar a signalé des moraines dans la Sierra de Cocui ; Agassiz, dans la vallée de l'Amazone.

Don Pédro II a observé, aux environs de Rio de Janeiro, un terrain morainique de grande épaisseur, renfermant des blocs caractéristiques. MM. Liais, Hartt, etc., ont vu des accumulations pareilles dans diverses parties du Brésil.

Faisant l'ascension du Corcovado, montagne voisine de Rio, j'ai constaté à Larangeiras un terrain dont la structure est la même que celle des terrains glaciaires de Saint-Ombre ; il n'en diffère que par une teinte rougeâtre due à des infiltrations ferrugineuses.

Des traces d'anciens glaciers existent encore dans la portion méridionale de l'Amérique du Sud, depuis le cap Horn jusqu'à Montevideo et au Chili ; — dans les îles Malouines ; dans la Nouvelle-Zélande ; dans les Nouvelles-Galles du Sud, en Australie.

D'après M. de Tchihatchef (1), on n'aurait point trouvé de marques d'anciens phénomènes glaciaires dans la plus grande partie de la Turquie d'Europe, la Grèce, l'Asie Mineure, le Caucase, la Sibérie, l'Himalaya, le Thibet, la Chine septentrionale. Il y a, comme je l'ai dit, contestation relativement à quelques-uns de ces lieux. M. de Tchihatchef a cependant raison d'affirmer que les phénomènes glaciaires se sont produits

---

(1) GRISEBACH (A.), *La Végétation du Globe*, traduit par P. de Tchihatchef, Paris, 1875, page 217, (Note du traducteur.)

« d'une façon parfaitement indépendante des latitudes (1). »

Périodes glaciaires distinctes. — A Utznach , à Durnten, et en d'autres lieux voisins du lac de Zurich, on exploite depuis longtemps une couche de lignite située sous les terrains morainiques de l'ancien glacier de la Linth. En 1862 on pratiqua un forage à travers toute l'épaisseur du lignite. Au-dessous, on trouva une autre moraine. On constatait deux périodes d'extensions glaciaires. Dans le temps intermédiaire avait prospéré la végétation d'où résultait le lignite.

Le lignite d'Utznach renferme des ossements d'*elephas antiquus*, d'*ursus spelœus*, d'un rhinocéros voisin du *rhinoceros tichorinus*, du *bos priscus*, d'un cerf et d'un écureuil. M. Oswald Heer a pu reconnaître des fruits du pin d'Écosse et des sapinettes du Canada, des feuilles de frêne et d'yeuse, des graines de certaines plantes marécageuses, des insectes, des coquilles d'eau douce. L'époque interglaciaire, comme l'appelle M. Heer, a dû avoir une très-longue durée, et présenter des climats divers , lesquels ont dû passer du froid intense à une chaleur marquée , et revenir au froid. On ne possède pas les spécimens qui déter-

---

(1) Grisebach (A.), *La Végétation du Globe*, page 269.

mineraient ces différents climats : la faune et la flore des lignites interglaciaires sont pauvres.

Quelques années après, MM. Julien et Laval trouvèrent en Auvergne, dans le bassin d'Issoire, d'autres preuves d'une double extension glaciaire. La montagne de Perrier présente des couches superposées dans l'ordre suivant : à la base, un granite rougeâtre, puis des calcaires lacustres miocènes, et un banc de cailloux roulés, semblables à ceux d'un torrent : — immédiatement au-dessus des cailloux est une couche de sable, épaisse d'un mètre, laquelle est célèbre par les ossements de nombreux mammifères qu'elle renferme ; — au-dessus de la couche de sable est un terrain d'origine glaciaire, épais de 150 mètres ; enfin, au-dessus du terrain glaciaire est une nouvelle couche à fossiles, laquelle contient à peu près les mêmes mammifères que le lignite interglaciaire de Suisse.

La dernière formation glaciaire manque aux couches de Perrier ; mais on y voit toute l'énorme épaisseur des terrains dus à l'avant-dernière période glaciaire ; et on y trouve, séparées, les faunes antérieure et postérieure à l'avant-dernière extension des glaces. Les traces de la dernière période glaciaire existent en d'autres lieux peu distants. M. Julien a pu comparer les intensités de chacune des deux périodes ; les glaciers de l'avant-dernière franchissaient des lignes de faîte que les glaciers de la dernière n'ont jamais atteintes. L'avant-dernière période semble avoir été, en Auvergne, beaucoup plus intense que la dernière.

La faune interglaciaire de Perrier comprend (1) : l'*elephas meridionalis*, le *rhinoceros leptorhinus*, l'*hippopotamus major*, l'*ursus spelœus*, le *bos priscus*, un cheval, une chèvre, deux cerfs, un tapir, une hyène, un chien et un hérisson. Quelques-uns de ces animaux indiquent avec de grandes probabilités un climat tropical ; tels sont : l'éléphant méridional, le grand hippopotame, le rhinocéros à narines non cloisonnées, le tapir et l'hyène.

L'existence des deux dernières périodes glaciaires a été constatée aux Pyrénées, dans la Bresse, dans les Vosges. Des lignites interglaciaires semblables à ceux d'Utznach ont été trouvés sur les bords du lac Léman et dans la vallée de Chambéry. Le lit forestier de Cromer (2), situé sur la côte de Norfolk, est interglaciaire : il contient la plupart des espèces du lignite suisse, — il est recouvert par un terrain glaciaire et recouvre des couches à coquilles arctiques.

---

(1) HAMY (E.-T.), *Paléontologie humaine*, Paris, 1870, p. 84.
(2) LYELL, *Principes de Géologie*, Paris, 1873, 1er vol., page 256.

Il y a eu plus de deux périodes glaciaires, probablement un très-grand nombre. Il est difficile d'en trouver les preuves : les mouvements séculaires du sol, les érosions, la végétation, les usures du temps n'en ont laissé que de rares traces. Ces preuves, on ne les cherche que depuis peu d'années, et on ne les a recherchées que dans l'Europe occidentale. Ce que je vais en dire, je le tire de Lyell (1), auteur qu'on ne soupçonnera pas d'accepter trop facilement des idées aventureuses.

La colline de la Superga, située près de Turin, sur la rive droite du Pô, est formée de couches superposées comme suit : — dans le bas, des terrains à coquilles caractéristiques du miocène inférieur ; — puis des couches de conglomérats contenant de gros blocs de diorite, de calcaire, de porphyre, etc., blocs parfois faiblement striés ou polis sur une de leurs faces ; ces couches ont une épaisseur qui varie de 30 à 45 mètres, et sont dépourvues de fossiles ; — enfin, au-dessus des conglomérats, sont des couches que leurs fossiles classent dans le miocène supérieur. Le professeur Gastaldi avait annoncé que les conglomérats étaient d'origine glaciaire. Lyell visita la colline, et accepta l'hypothèse du transport par l'action

____

(1) *Principes de Géologie*, Paris, 1873, 1er vol., de la page 269 à la page 304.

glaciaire, « hypothèse, écrit-il (1), admise par les géologues les moins avancés, et qui, du reste, me paraît être aujourd'hui la seule soutenable ». On voit les couches de la Superga s'enfoncer sous les couches pliocènes dans lesquelles est creusé le lit du Pô. Les couches pliocènes sont elles-mêmes surmontées de différents terrains d'alluvions, et finalement, des grandes moraines descendues des Alpes dans la dernière période glaciaire.

Sur le versant septentrional des Alpes, vers le milieu des terrains éocènes, sont des conglomérats d'une épaisseur souvent très-grande. Ils sont compris dans ce groupe de couches qu'on appelle le *flysch*. Le flysch est à peu près privé de fossiles : il ne contient que quelques fucoïdes, et seulement « en quelques endroits bien rares.» Dans les conglomérats on trouve parfois des blocs énormes, égaux au moins aux plus gros qu'on ait observés dans les moraines proprement dites. Ils sont de natures très-diverses : tantôt anguleux, tantôt arrondis; on n'y a pas encore trouvé des traces de stries ou de polissage. Ils diffèrent par leur composition minéralogique de tous les autres erratiques des Alpes. On ignore de quelles roches

---

(1) *Principes de Géologie*, Paris, 1873, t. I, page 272.

ils proviennent. Les blocs de calcaires contiennent des ammonites et d'autres fossiles qui datent des formations oolithique et liasique. Quelle force a pu transporter et accumuler ces masses? — L'action glaciaire est la seule hypothèse vraisemblable.

La craie, on le sait aujourd'hui, se forme dans les profondeurs des mers. On comprend qu'elle se présente avec un caractère homogène. On ne s'étonne pas d'y trouver quelques couches de sable, de galets, ou des bois qui, flottant à la surface de l'océan, se sont imprégnés d'eau, sont devenus lourds et sont tombés au fond. Mais on y a parfois découvert « des pierres particulières et complétement isolées, consistant ordinairement en quartz et schiste vert (1); » ce fait est remarquable. « Comment, dit Lyell, ces pierres ont-elles pu être transportées si loin en pleine mer et tomber au fond des eaux, en se conservant pures de toute matière étrangère? » A la rigueur, les petites pierres ont pu être portées dans les racines d'arbres entraînés par les courants. A Purley, près de Croydon, au sud de Londres, on a trouvé dans la craie des pierres assez volumineuses pour que leur transport ne soit plus explicable de cette

---

(1) LYELL, *Principes de Géologie*, Paris, 1873, t. I, p, 283.

manière. Le plus grand bloc était en syénite, entouré de sable granitique et de galets de diorite. M. Godwin - Austen et Lyell en attribuent le transport aux glaces flottantes qui se détachent des côtes.

Qu'aujourd'hui des glaces flottantes, tenant des blocs enchâssés, viennent fondre au dessus des régions de l'Atlantique où se forme la craie, tous les auteurs l'admettront. Mais que dans le temps où se déposait ce qu'on appelle le *terrain crétacé*, il y ait eu des glaces, beaucoup d'auteurs ne l'accepteront qu'avec bien de la peine, car ils se sont fait une théorie d'après laquelle un climat tropical régnait alors sur toute la surface du globe.

M. Godwin-Austen a trouvé dans le nouveau grès rouge du Devonshire des blocs dont il a attribué le transport à l'action glaciaire. Cette opinion a été contestée par M. Pengelly ; Lyell l'estime également mal fondée.

Le professeur Ramsay a fourni de bonnes preuves d'une période glaciaire survenue en Angleterre durant l'âge permien. Dans le Shropshire, le Worcestershire et d'autres parties de l'Angleterre, il a découvert, parmi les couches permiennes, un conglomérat dont les matériaux sont accumulés à la manière de matériaux des terrains glaciaires. Ils sont cimentés par une

marne rouge, non stratifiée, et forment ainsi ce que
l'on nomme une brèche. Cette marne est dé-
pourvue de fossiles. Quelques-uns des blocs pè-
sent 500 kilogrammes. Ils sont souvent anguleux;
fréquemment ils sont polis et striés sur une ou
plusieurs de leurs faces. M. Ramsay a déposé au
musée de Jermyn Street, à Londres, quelques
échantillons striés, tirés du conglomérat permien.
Je les y ai vus. L'un d'eux, un grès noir, présente, sur une face polie, deux séries de stries
parallèles; les deux séries se coupent, et l'on
peut distinguer la dernière tracée de l'antérieure.
Ici, l'action glaciaire est évidente. Notons que le
terrain permien appartient à l'époque primaire,
il fait partie des terrains paléozoïques.

Parmi les couches du Devonien, ou vieux grès
rouge, est un conglomérat comparable sous plusieurs rapports au conglomérat du terrain permien. Déjà, en 1848, M. Cumming avait écrit
que le conglomérat du vieux grès rouge ressem-
blait à un terrain glaciaire consolidé. En 1866,
le professeur Ramsay y découvrit « des pierres
et des blocs marqués de raies distinctes et de
stries longitudinales et croisées, tout à fait identiques à celles que produit l'action glaciaire (1). »

____

(1) LYELL, *Principes de Géologie*, Paris, 1873, t. I, p. 301.

Lyell examina la couche, et se convainquit de la parfaite similitude qui existe entre ces blocs et les erratiques les plus récents. Cependant le professeur Ramsay et Lyell avisèrent une objection : Kirkby-Lonsdale et Sedbergh, les lieux où fut étudié le conglomérat, sont dans un district des plus remplis de fentes et de failles ; — la couche a pu subir des mouvements divers, des pressions multiples ; — les blocs ont pu se polir et se rayer entre eux. L'action glaciaire reste problable. Lyell dit (1) : « Quelques-unes des pierres ensevelies dans le conglomérat paraissent provenir des montagnes du Cumberland, et il est probable qu'elles avaient été polies, unies et sillonnées par l'action glaciaire, avant d'avoir été transportées à leurs places actuelles. »

On a donc constaté, dans les terrains de la partie occidentale de l'Europe, les traces d'un certain nombre de périodes glaciaires. Quatre d'entre elles peuvent être regardées comme certaines : — les deux les plus récentes dont on voit les marques superposées (lignite d'Utznach); — celle du milieu des temps miocènes (blocs de la Superga) ; — et celle des terrains permiens (conglomérats du Shropshire). Trois autres sont

---

1) *Ibid.*, page 302.

probables à un haut degré : — celle de la période éocène (flysch) ; — celle des terrains crétacés (pierres de Purley) ; — et celle du vieux grès rouge (conglomérats de Kirkby-Lonsdale, etc.). Une, enfin, demeure douteuse, — celle qui se rapporte à l'époque du trias. De nouvelles observations, il n'y a pas à en douter, viendront bientôt augmenter le nombre des périodes glaciaires connues.

Les géologues ont tendance à marquer les limites de quelques époques géologiques à l'aide des périodes glaciaires les plus récentes. La dernière en date séparerait l'époque tertiaire de l'époque quaternaire ou actuelle ; entre l'avant-dernière et la dernière serait compris le pliocène supérieur. La période glaciaire signalée par les blocs de la Superga pourrait séparer le miocène inférieur et le miocène supérieur de la classification de Lyell, — ou le miocène inférieur et le miocène moyen de la classification de M. le professeur Hébert, lequel partage le miocène en trois groupes.

Les termes : éocène, miocène, pliocène, — ont été introduits dans la science par Lyell. Ils se rapportent uniquement à la proportion de coquilles d'espèces éteintes et d'espèces actuellement vivantes que l'on trouve dans les terrains.

Terrain éocène signifie : terrain dont presque toutes les coquilles sont d'espèces éteintes. Terrain pliocène signifie : terrain dont un grand nombre de coquilles sont d'espèces existantes.

Un terrain d'Europe et un terrain d'Amérique contiennent chacun, je suppose, 50 pour 100 d'espèces de coquilles éteintes ; — il se peut que l'un soit le double plus ancien que l'autre. Même si on admettait que les deux dernières périodes glaciaires ont sévi simultanément sur l'Europe et sur l'Amérique, — le pliocène supérieur, ce terrain interglaciaire de France, pourrait fort bien ne pas être un terrain interglaciaire en Amérique.

Si l'Europe et l'Amérique n'ont été intéressées que successivement par les périodes glaciaires, — la contemporanéité des terrains de même nom devient extrêmement improbable.

Il se peut encore que certaines périodes glaciaires d'Europe manquent en Amérique, et réciproquement.

Conservation des espèces. — On sait que les espèces végétales et animales sont considérablement plus nombreuses dans les régions voisines de l'équateur que dans toute autre région du globe.

Si, durant la dernière ou l'avant-dernière des périodes glaciaires qui ont sévi sur l'Europe occidentale, toute la surface terrestre avait été notablement refroidie, — si, par exemple, les climats tropicaux n'avaient plus eu que la température des zones tempérées,—les espèces tropicales eussent été tuées, et temporairement remplacées par les espèces propres aux climats moyens. On ne trouverait aujourd'hui, — tout au plus, — qu'un petit nombre d'espèces dans la zone intertropicale.

Il est donc certain que ces deux périodes glaciaires n'ont pas coïncidé avec un refroidissement général des climats.

On a tout lieu de croire que les périodes plus anciennes ne sont pas dues à une cause différente de celle des périodes récentes, — quelle que soit d'ailleurs cette cause ; et qu'elles n'ont pas davantage amené l'extermination des espèces propres aux régions chaudes.

Mouvements séculaires. — Divers mouvements séculaires se sont produits dans le nord-ouest de l'Europe pendant la durée de la dernière période glaciaire. Tous les géologues en conviennent ; — et le fait est évident si l'on considère que des terrains glaciaires contenant des coquilles marines, ont été trouvés à des altitudes notablement plus grandes que certaines traces laissées par les glaciers.

Les géologues ne sont pas d'accord sur l'amplitude de ces mouvements séculaires, ni sur l'ordre suivant lequel ils se sont succédé.

L'importance des érosions, l'épaisseur des terrains glaciaires, montrent que la période du froid a été fort longue. Lyell en estime la durée à 224,000 ans (1) ; son calcul se base précisément sur les mouvements séculaires du sol accomplis durant cette période. Il ne donne ce chiffre que comme une évaluation très-imparfaite ; et je ne pense pas que les mouvements séculaires se soient produits comme il l'entend. Mais, dans son esprit, le chiffre de 224,000 ans s'accorde avec la grandeur des actions des glaces ; et, admis par Lyell, ce chiffre a de la valeur. Il donne place à plusieurs mouvements séculaires de grande amplitude.

Au moment de la plus grande intensité du froid, le sol était-il plus émergé ou plus immergé qu'actuellement ? La réponse ne me paraît pas douteuse : le sol était plus émergé.

Les signes du froid le plus intense ne doivent pas être cherchés parmi les terrains glaciaires d'origine marine. On voit aujourd'hui se former ces terrains autour de l'île de Terre-Neuve, jus-

____

(1) *Ancienneté de l'homme*, Paris, 1870, page 317.

qu'à une latitude qui correspond à celle de Nice et de Cannes. On voit les glaces apporter les boues arctiques; et dans ces boues prospère une faune absolument polaire. Les coquilles de Terre-Neuve (1) ont un caractère plus septentrional que les coquilles qui vivent sur la côte de Norvége à l'ouest du cap Nord. La partie de l'Amérique voisine de Terre-Neuve n'éprouve cependant pas un froid égal à celui qu'elle a subi lorsqu'elle était couverte d'un manteau de glace. Or, les terrains glaciaires à coquilles de l'Europe occidentale n'offrent que très-rarement un assemblage de coquilles aussi caractéristique du froid que celui de Terre-Neuve. A peine peut-on citer comme aussi arctiques les coquillages contenus dans les terrains étudiés par le Rev. Thomas Brown sur les bords des estuaires du Forth et du Tay, en Écosse. Les autres terrains glaciaires contiennent des coquilles dont la réunion forme tout au plus une faune sous-arctique. Un grand nombre de terrains glaciaires n'ont pas de coquillages à leur intériéur, mais seulement à leur surface; ceci n'a point empêché quelques géologues de les déclarer d'origine marine.

Les vrais terrains glaciaires d'origine marine se trouvent généralement à moins de 200 mètres

(1) Woodward, *Manuel de conchyliologie*, Paris, 1870, page 50 et suiv.

au-dessus du niveau de la mer. Il est cependant possible que le terrain du Moel Tryfaen (pays de Galles), dans lequel on a trouvé des coquilles jusqu'à la hauteur de 420 mètres, soit d'origine marine. On y a trouvé 57 espèces de coquilles (1), parmi lesquelles 11 seulement appartiennent à des mers plus arctiques que celles de la Grande-Bretagne.

Il ne faut pas oublier que le nord-ouest de l'Europe jouit actuellement d'un climat plus chaud que celui des pays situés sous la même latitude. Il n'est pas étonnant qu'on trouve des coquilles fossiles d'espèces récentes ayant un caractère un peu plus boréal que la faune actuelle. Ces coquilles ne datent pas nécessairement de la période glaciaire.

Le meilleur signe du froid le plus intense consiste dans l'extension maximum des glaciers. Ce signe n'est pas absolument irréprochable. On peut arguer que la quantité de neige tombée n'est pas proportionnelle à l'abaissement de la température. Cependant si l'on remarque que les plus grands glaciers actuels sont dans les pays montagneux des régions les plus froides du globe, — on conviendra que ce signe peut être appliqué comme une règle générale.

---

(1) LYELL, *Ancienneté de l'homme*, Paris, 1870, page 205.

Si je puis montrer que les grands glaciers descendaient notablement plus bas que le niveau actuel de la mer, — j'aurai montré que le niveau de la mer était inférieur au niveau actuel à l'époque la plus froide de la période glaciaire.

Si l'on pouvait scruter le fond de la mer afin d'y trouver les moraines frontales des glaciers, la démonstration serait facile. Ces moraines, probablement, ne dessinent même pas des saillies sur le sol immergé : la mer égalise ses dépôts. Quand les mouvements séculaires futurs feront émerger les vieux terrains glaciaires, ils ressembleront à ceux de la Superga ou aux conglomérats des périodes plus reculées.

La démonstration ne peut guère être faite qu'à l'aide de ce qu'on voit au-dessus du niveau de la mer.

Je tire ma première preuve de Lyell (1) ; je copie : « Nous savons du docteur Torell, qu'il existe sur les côtes du Groënland de vastes étendues, dépourvues aujourd'hui de glaciers ou de neiges permanentes, qui montrent à leur surface des signes incontestables de l'ancienne action de la glace ; ce qui fait supposer que le pouvoir de la glace dans le Groënland, pour si grand qu'il soit aujourd'hui, doit s'être exercé autrefois sur une

____

(1) *Éléments de Géologie*, Paris, 6e édit., t. I, page 233.

bien plus grande échelle. Le continent, quoique aujourd'hui fort élevé, doit avoir eu sans doute anciennement une hauteur beaucoup plus considérable. Cette opinion est même plus qu'une simple probabilité, car, depuis que les Danois connaissent le pays, c'est-à-dire depuis les quatre derniers siècles, toute la côte comprise entre les 60° et 70° de latitude nord a baissé à raison de plusieurs décimètres dans un siècle, de telle sorte qu'une surface rocheuse, parfaitement polie et sillonnée par la glace, se trouve maintenant dans la mer, et recouverte, à la suite de la fonte des bancs de glace, par un limon impalpable et par des pierres lisses et sillonnées. »

Ainsi, pour la côte sud-ouest du Groënland, dont il s'agit ci-dessus, un froid plus intense a coïncidé avec une émergence plus grande.

On a observé également en Europe des traces, marquées sur les rocs par les glaciers, qui plongent au-dessous du niveau de la mer. Je cite encore Lyell (1) : « On a vu qu'en Écosse, en Suède et ailleurs, les roches polies et striées n'existent pas seulement sur la terre ferme, mais encore sous les eaux de la mer, où les mêmes sillons se continuent, de manière à faire supposer que les glaces continentales ou glaciers ont au-

---

(1) *Éléments de Géologie*, Paris, 6e édit., t. I, page 249.

trefois exercé leur action sur une surface actuellement submergée. »

Il devient extrèmement probable que les terres étaient alors plus émergées qu'aujourd'hui. Cela n'est pas complétement certain : on peut répondre que peut-être le niveau était le même, et que, les glaciers plongeant dans la mer, comme font habituellement les grands glaciers, ont pu polir et strier les roches jusqu'à une certaine profondeur. Il ne suffit pas de montrer que les glaciers descendaient plus bas que le niveau actuel, il faut montrer qu'ils descendaient notablement plus bas.

Les fjords sont la preuve que les glaciers descendaient considérablement plus bas que le niveau actuel de la mer.

M. Élisée Reclus, le premier, je crois, a dit que ces vallées à pentes abruptes étaient dues à la présence récente des grands glaciers (1). On trouve des fjords non comblés, seulement au voisinage des pôles. Ceux de la côte de Norvége, les plus nets peut-être, tendent depuis longtemps à se remplir de débris. Ceux du Groënland sont encore en majeure partie masqués par les glaciers. Ceux du golfe de Gênes sont à peine reconnaissables. Ceux de l'Asie Mineure, de la côte

---

(1) *La Terre*, Paris, 1869, 2e vol.. page 167 et suiv.

de Dalmatie, du nord-ouest de la péninsule ibérique, de la Bretagne, des îles anglaises, du Danemark, etc., sont comblés à divers degrés. Les torrents qui s'y jettent, les dégradations de leurs parois, les cordons littoraux poussés par la mer, tout travaille à effacer ces défilés où cheminaient les glaces. En dehors des actions glaciaires, les fjords sont impossibles. Sur les parois des fjords de Norvége, on voit les stries des glaciers ; dans la mer, au large, sont les moraines : ce seraient les bas-fonds de débris « que l'on trouve à l'entrée de tous les fjords scandinaves (1). »

M. Élisée Reclus a mis tous ces faits en lumière ; cependant il n'attribue aux glaciers qu'une simple action de conservation, — et non de creusement. Les fjords, dit-il, « ont été maintenus dans leur état primitif par le séjour prolongé des glaciers. » Ils auraient alors préexisté à l'époque glaciaire ; mais comment n'auraient-ils pas été comblés avant l'extension des glaces ? — Les glaciers creusent le roc ; à preuve, les torrents boueux qui s'échappent, même en hiver, de dessous les glaces du Groënland ; — à preuve encore l'énorme quantité de lœss, boue provenue de l'érosion des Alpes, qui s'est accumulée dans les vallées du Rhin, du Danube, du Rhône, et formait un volume total

____

(1) Reclus (Élisée), *La Terre*, Paris, 1869, 2ᵉ vol., p. 175.

égal peut-être à ce qui reste des Alpes. Les glaciers passaient dans les fjords, y passant ils devaient les creuser, cela est certain. Quelle puissance aurait pu les creuser, sinon les glaciers?

Les fjords sont toujours au pied d'un versant montagneux; jamais en contrée de plaine, — parce que les glaciers ne se forment et ne coulent qu'à l'aide d'une pente. On les trouve mieux marqués sur les côtes occidentales que sur les côtes orientales de la Scandinavie, de l'Écosse, de l'Amérique du Nord, de la Patagonie, de la péninsule des Balkans, — parce que dans chacun de ces pays les chaînes de montagnes sont situées proche de la côte occidentale.

Les fjords sont d'anciens lits de glaciers. Or, dans quelques-uns des fjords de Norvége, la mer est profonde de 500 ou 600 mètres. Si l'on considère que probablement leur sol est couvert d'une couche de débris, que probablement aussi les glaciers descendaient plus loin que les points des fjords auxquels ces profondeurs appartiennent, on conviendra qu'au moment de l'extension des grands glaciers, la mer, sur les côtes de Norvége, avait un niveau inférieur de 500 ou 600 mètres au moins au niveau marin actuel.

Donc, au moment de la plus grande intensité du froid, le sol était plus émergé qu'aujourd'hui.

MM. Jamieson, Geikie, Ramsay, Kjerulf sont

de cet avis. Lyell également, mais il fait entrer la forêt interglaciaire de Cromer dans ses calculs relatifs à la dernière période glaciaire ; il se base principalement sur les coquilles marines ; et, en fin de compte, il arrive à admettre deux émergences et deux immersions durant la période du froid.

Certains indices des oscillations des glaciers portent quelques auteurs à admettre que la température s'est abaissée à plusieurs reprises durant une même période glaciaire. Mais nous voyons en quelques années, les petits glaciers actuels des Alpes avancer ou rétrograder de plus d'un kilomètre ; — on peut bien admettre que pendant les milliers d'années du froid le plus intense, les grands glaciers ont pu osciller au moins de la même quantité. En réalité, les terrains de la dernière période glaciaire ne montrent qu'un seul maximum de froid, et une seule grande émergence ; celle-ci et le maximum du froid paraissent coïncider.

Postérieurement au maximum du froid, les terres se sont immergées, et, à une certaine époque, le niveau de la mer a été plus élevé qu'il ne l'est actuellement. Ce fait est prouvé par les terrains à coquilles qui reposent sur des rocs striés par les glaciers. Les terrains à coquilles récentes sont rares au-dessus de 180 mètres. Les coquillages du Moel Tryfaen, trouvés à une élévation de 420 mètres, datent-ils d'avant ou d'après la période des grands glaciers? — Il est difficile de décider; — d'autant plus difficile, que les coquillages antérieurs à la dernière période glaciaire ne paraissent pas différer sensiblement des coquillages postérieurs à cette dernière période. Il est possible qu'à une date relativement récente le niveau de la mer se soit élevé à plus de 420 mètres au-dessus du niveau actuel. L'absence de coquilles n'est qu'une preuve négative. Il est probable, dans une certaine mesure, que la dénivellation s'est arrêtée à l'altitude de 180 ou 200 mètres, altitude au-dessous de laquelle se trouve la presque totalité des terrains à coquilles récentes.

M. Geikie a fait une observation de laquelle il semble résulter : — que l'immersion qui suivit le maximum du froid, et l'émergence actuelle, — se sont succédé sans intercalation d'autres mouvements séculaires. Les stries glaciaires qui, tracées sur les côtes occidentales d'Écosse, se prolongent au-dessous du niveau de la mer, sont fraîches d'aspect près et au-dessous du niveau de l'eau; — à quelques mètres au-dessus, elles se montrent détériorées et effacées (1). On doit croire

______

(1) LYELL, *Éléments de Géologie*, Paris, 6e édit., page 250.

que, si les mêmes roches avaient émergé une fois déjà depuis le maximum du froid, elles ne présenteraient plus de stries à leur émergence actuelle.

Les géologues admettent qu'avant la grande extension des glaciers, des terrains glaciaires d'origine marine avaient été déposés jusqu'à une certaine hauteur au-dessus du niveau actuel de la mer. Ces terrains auraient été refoulés, pressés et striés par les glaciers. Ainsi, antérieurement comme postérieurement au maximum du froid, les terres auraient été plus immergées qu'aujourd'hui. Mais on confond trop facilement les terrains glaciaires d'origine terrestre avec ceux d'origine marine et on y mêle trop facilement ce qui appartient à l'avant-dernière période glaciaire, pour que je veuille ne m'appuyer que sur cette seule donnée.

Les œsars de Scandinavie sont une bonne preuve que les mouvements du sol, d'avant et d'après le maximum du froid, ont été symétriques, si j'ose ainsi m'exprimer.

Les eaux de la mer Baltique sont saumâtres. Les mollusques qui y vivent sont de mêmes espèces que ceux de la mer du Nord, mais les individus sont de petite taille ; cette particularité fait très-bien distinguer les coquilles de la Baltique des coquilles des mers où la quantité de sels est normale. Les œsars sont des collines de sables, de marnes et de graviers dans lesquelles on trouve des coquilles semblables à celles qui vivent aujourd'hui dans la Baltique ;. — le terrain qui les constitue a été déposé sous les eaux de la Baltique à une époque où cette mer était également saumâtre. A leur face supérieure les œsars portent des blocs erratiques, attribués par tous les géologues à la dernière période glaciaire.

Avant la dernière période glaciaire, comme aujourd'hui, la Baltique était une méditerranée, recevant plus d'eau par ses fleuves qu'elle n'en perdait par l'évaporation ; — comme aujourd'hui, le degré d'émergence de ses rivages ne lui permettait qu'une communication restreinte avec les mers voisines ; — et ce degré d'émergence correspondait à une température sensiblement égale à la température actuelle.

Il est possible que les blocs qui couronnent les œsars aient été déposés en même temps que les erratiques des plaines de la Russie et de la Pologne, — et aient dû leur transport aux mêmes moyens. Mais il n'est pas admissible que les terrains des œsars soient de formation post-glaciaire. On trouve des coquilles dans les œsars jusqu'à plus de 30 mètres au-dessus du niveau de la mer. Or, dans certains kjökkenmöddings, situés à quelques mètres à peine au-dessus de l'eau, — et qui ont été formés hors de l'eau, puisqu'ils sont dus à l'action humaine, — les coquilles ont la grandeur normale. Si la mer Baltique s'élevait de quelques mètres, elle redeviendrait salée. Plus haute d'au moins 30 mètres, elle était saumâtre. Les rivages n'avaient donc pas la configuration actuelle au moment où les terrains des œsars se sont déposés. Les glaciers n'avaient pas encore érodé les roches et élargi les passages. Quand même les erratiques des œsars seraient post-glaciaires, les terrains des œsars sont pré-glaciaires.

En somme :

Il est certain qu'au moment le plus froid de la dernière période glaciaire, le nord-ouest de l'Europe était notablement plus émergé qu'il ne l'est actuellement ;

Il est probable que le maximum du froid a coïncidé avec le maximum de l'émergence ;

Il est certain que, postérieurement au maximum du froid, le nord-ouest de l'Europe s'est immergé, et, qu'à la fin de ce mouvement, le niveau de la mer était notablement plus élevé qu'actuellement ;

Il est probable que ce mouvement d'immersion relie sans discontinuité le maximum de l'émergence au nouveau mouvement d'émergence qu'on observe aujourd'hui.

Il est probable que les mouvements séculaires antérieur et postérieur au maximum du froid ont été sensiblement symétriques ;

Il est très-probable que ce qui vient d'être dit des mouvements séculaires produits dans le nord-ouest de l'Europe pendant la dernière période glaciaire, est également applicable aux autres lieux et aux périodes glaciaires plus anciennes.

Cause des périodes glaciaires. — Ce qui précède peut être résumé dans les cinq propositions suivantes :

1° Les régions polaires sont les lieux des plus grands glaciers et des manifestations les plus remarquables du froid ;

2° Divers lieux du globe, dont quelques-uns sont situés vers l'équateur, — ont subi un froid semblable à celui qui sévit actuellement aux pôles ;

3° On trouve des traces du froid jusque dans les temps géologiques les plus anciens ;

4° A aucun moment, durant les époques géologiques récentes (probablement aussi durant les époques géologiques anciennes), les glaces n'ont pu occuper sur le globe des régions notablement plus vastes que celles qu'elles occupent aujourd'hui ;

5° Autant qu'on peut le connaître dans l'état actuel de la science, les mouvements séculaires du sol qui coïncident avec : l'approche du froid, son maximum d'intensité et son départ, — sont exactement ceux qui coïncideraient avec : l'approche lente du pôle, sa plus grande proximité et son éloignement.

De chacune de ces propositions, — et bien mieux encore de leur ensemble, découle cette conclusion : — les périodes glaciaires sont causées par le déplacement du pôle.

Hypothèses émises jusqu'à ce jour. — On peut dire que toutes les hypothèses imaginables ont été émises afin d'expliquer les phénomènes propres aux périodes glaciaires. Je vais en faire une revue rapide. Montrant leur insuffisance, je ferai mieux ressortir encore la vérité du déplacement polaire.

Afin d'abréger, je divise ces hypothèses en quatre groupes.

Le premier groupe comprend les hypothèses qui recherchent des modifications géographiques de nature à augmenter l'extension des glaciers ; — elles ne veulent ni éteindre le soleil, ni glacer d'un seul coup toute la surface terrestre. Ce sont les hypothèses les plus en vogue. Elles se basent sur la présence et l'absence successives de la mer du Sahara, — une déviation du Gulf-Stream, —

la transformation de l'Europe en un archipel traversé par des courants froids.

Ces trois causes additionnées grandiraient certainement les glaciers des Alpes, mais seraient inhabiles à leur donner les dimensions anciennement atteintes. Nulle part sur le globe on ne voit à 45 degrés de distance du pôle des glaciers longs de 240 kilomètres.

Elles ne produiront jamais de glaciers sous l'équateur. Les îles Galapagos forment un archipel, situé loin des terres et baigné par un courant d'eau froide. Elles semblent réunir les conditions désirées ; — cependant il n'y a pas de glaciers ; — la température y est même encore très-élevée.

Dans le premier groupe rentre l'hypothèse due à M. Rozet (1), laquelle consiste dans le soulèvement à une grande altitude des pays où ont été observées des traces d'actions glaciaires. Les régions équatoriales de l'Amérique auraient dû être exhaussées à une hauteur énorme pour trouver la température froide nécessaire au développement des glaciers. Il faut supposer un soulèvement d'au moins 4000 mètres ; soulèvement invraisemblable si on le compare à ce qu'on voit aujourd'hui sur le globe, et si on considère la

____

D'Archiac, *Histoire des progrès de la Géologie*, Paris, 1848, t. II, page 430.

grandeur qu'aurait acquise le continent américain.

Encore, les soulèvements gigantesques et successifs de tant de lieux du globe ne peuvent pas expliquer les terrains glaciaires d'origine marine, car les glaciers ne seraient pas descendus jusqu'à la mer dans les zones tempérées ou chaudes, et la température de la mer n'aurait pas été sensiblement modifiée.

Les hypothèses du second groupe mettent en jeu des actions qui tendraient à refroidir tout le globe. Telles sont :

La diminution périodique de la chaleur propre du soleil, soit par l'obscurcissement graduel de toute sa masse, soit par l'augmentation de ses taches ;

La persistance, à de certaines époques, d'un écran cosmique entre le soleil et la terre ;

Le passage de tout le système solaire dans des espaces à basse température.

Ces causes, très-improbables en elles-mêmes, n'arriveraient pas à produire des phénomènes glaciaires analogues à ceux dont on étudie les traces. Elles ne produiraient que de faibles glaciers.

Pour qu'un glacier se forme, il faut : — premièrement du froid à l'endroit du glacier ; secondement, de la chaleur ailleurs. Le glacier coule; comment se renouvellerait la glace à sa partie supérieure si de la vapeur d'eau n'y venait tomber sous forme de neige ? Si toute la surface de la terre était gelée, il n'y aurait pas de glaciers.

Supposons que le globe ne se refroidisse que dans une mesure moindre, — que l'isotherme zéro, qui passe en Islande, vienne à passer en France. La quantité totale d'évaporation produite dans les régions chaudes serait considérablement diminuée. Une faible quantité de neige irait se répartir sur la surface élargie de la zone glaciale. Les glaciers seraient petits. Veut-on dire que le froid serait assez intense pour que, si peu qu'il tombât de neige, elle s'accumulât en couches indéfiniment superposées ? — Alors, où seraient les glaciers et comment expliquer les érosions glaciaires ?

Que l'on fasse donc avancer la zone glaciale aussi loin, ou aussi peu loin que l'on voudra : — il n'arrivera pas que le glacier du Valais porte ses blocs de pierre jusqu'à Soleure, — ni surtout qu'on puisse trouver à l'équateur des traces notables de l'action glaciaire.

Est-il utile d'ajouter que le refroidissement général des climats du globe aurait exterminé les espèces équatoriales ?

Le troisième groupe comprend les hypothèses qui recourent aux climats extrêmes. L'exagération simultanée du froid de l'hiver et du chaud de l'été serait la conséquence — de l'élongation périodique du grand axe de l'écliptique, ou de l'accroissement périodique de l'inclinaison de l'axe terrestre. Ces hypothèses sont plus impuissantes encore que les précédentes.

Durant l'été, les rayons du soleil et les pluies abondantes et chaudes fondraient des quantités de glace proportionnelles à la chaleur de la saison. Durant l'hiver, il n'y aurait que peu d'évaporation et peu de neige; par conséquent peu de glace se formerait.

Les climats extrêmes sont défavorables à l'extension des glaciers. Le Japon et la Nouvelle-Zélande ont même chaleur moyenne annuelle, mêmes montagnes élevées, environ même régime de pluies; cependant le Japon n'a presque pas de glaciers, et certains glaciers de la Nouvelle-Zélande descendent jusqu'aux rivages. Mais le Japon a des températures extrêmes, et la Nouvelle-Zélande un climat remarquablement uniforme.

L'hypothèse qui consisterait à faire décrire à la terre un cercle exact autour du soleil pris comme centre, et à placer son axe de rotation dans une situation invariablement perpendiculaire à l'écliptique, serait donc préférable, au point de vue de l'accroissement des glaciers, aux hypothèses du troisième groupe.

Je suis obligé de créer un quatrième groupe pour une hypothèse singulière, laquelle voudrait expliquer l'extension des glaciers, non plus par un refroidissement général du globe, mais par un réchauffement général dû à une chaleur solaire plus grande.

L'époque glaciaire aurait pris fin parce que le soleil se serait refroidi (1). Il suffit de considérer que les grands glaciers se trouvent près du pôle, et non vers l'équateur, pour comprendre l'erreur de cette théorie. Véritablement, si le soleil était plus chaud, il y aurait production d'une plus grande quantité de vapeur d'eau, mais celle-ci tendrait à tomber sous forme de pluie plutôt que sous forme de neige; elle fondrait les glaciers au lieu de les augmenter.

Il est facile de montrer que le froid accompagnait la dernière période des glaces. Les coquillages à forme arctique dont j'ai parlé sont des témoins du froid. Et on a trouvé à Schussenried, sur une moraine abandonnée par le grand glacier du Rhin, parmi des objets travaillés de main

____

(1) L'auteur de cette hypothèse est M. Lecoq. — D'ARCHIAC, *Histoire des progrès de la Géologie,* Paris, 1848, t. I, p. 433.

d'homme, une petite provision de fourrage, composée de mousses arctiques amassées.

On objectera peut-être que le froid était naturel à côté des glaciers, mais qu'il devait faire chaud à peu de distance. Or, parmi les coquilles qui vivaient sur les rivages de la Sicile durant la dernière période glaciaire, on peut citer (1) la *cyprina islandica*, la *panopœa norwegica*, la *leda pygmea*, et d'autres encore, lesquelles indiquent certainement un climat froid.

---

(1). LYELL, *Ancienneté de l'homme*, Paris, 1870, page 357.

CHAPITRE VI.

Flore fossile arctique. — La chaleur dans les régions polaires.
— Parenté des espèces fossiles. — Absence de cataclysmes.
— Rareté des fossiles à caractère glacial. — Aires géogra-
phiques, aires confinées, migrations, colonies éparses. —
Confirmation du déplacement polaire fournie par l'étude des
dépôts do fossiles.

Flore fossile arctique. — On a découvert, sur la côte occidentale du Groënland, en face de l'île de Disco, vers le 70ᵉ degré de latitude, de nombreuses plantes fossiles. Le professeur Oswald Heer les a étudiées ; il a pu déterminer plus de soixante espèces, parmi lesquelles vingt-huit doivent avoir été des arbres (1).

Huit arbres appartiennent aux conifères. Le conifère le plus fréquent est le *sequoia Langsdorfii ;*

---

(1) LYELL, *Principes de Géologie*, Paris, 1873, t. I, p. 295 ;
— et *Ancienneté de l'homme*, Paris, 1870, page 262, note de
M. Hamy, avec citations du livre de M. Heer.

il ressemble à s'y méprendre, dit M. Heer, au
sequoia sempervirens de Californie. Le sequoia
de Californie réussit dans le midi de l'Europe. Sur
les bords du lac de Côme et autour de Lausanne,
« on trouve des individus portant des fruits. De
l'arbre du Groënland, ajoute M. Heer, nous possédons non-seulement de nombreux rameaux pourvus de feuilles, mais aussi des fruits et des se-
mences. » Parmi les autres conifères, il faut citer
le pin, l'if et le salisburia (Gingko).

Les vingt autres espèces d'arbres se composent
de peupliers, de chênes, de hêtres, de noisetiers,
de platanes, d'ormes, de noyers, de magnolias,
d'un cerisier à feuilles coriaces, d'un laurier-ce-
rise, et d'un arbre analogue au laurier, « portant
de belles feuilles de 8 pouces de longueur. » Un
chêne avait des feuilles d'un demi-pied de long ;
un autre portait un feuillage toujours vert, comme
le chêne-liége.

Le sequoia du Groënland a été retrouvé : dans
les lignites de l'Islande, au Spitzberg et à l'ouest
du nord de l'Amérique, vers l'entrée de la rivière
de l'Ours.

Le lignite de l'Islande a fourni notamment :
un tulipier avec ses fruits et feuilles caractéristiques, un platane, un noyer, une vigne.

Le Spitzberg avait déjà donné quatre-vingt-
quinze espèces de plantes, déterminées par

M. Heer, parmi lesquelles : deux espèces de taxodium, un coudrier, un peuplier, un hêtre, un platane, un tilleul et un potamogeton. Durant l'année 1873, M. Nordenskiöld y découvrit de nouveaux gisements de fossiles (1). Voici l'énumération qu'il en donne : *sequoia, taxodium disthicum, glyptostrobus, quercus, populus, sorbus, acer, tilia, alnus, platanus, betula, cornus, carpinus, ulmus, grewia;* « avec tiges et feuilles extrêmement bien conservées. » Ces dernières plantes proviennent de Isfjord et de Recherche-Bay, lieux que je n'ai pas vus indiqués sur les cartes, mais qui, si j'ai bien compris M. Nordenskiöld, doivent être situés dans le Nord-Ostland, quelque peu au delà du 80° degré de latitude.

« Quant à la preuve, dit Lyell (2), que les plantes fossiles des régions arctiques ont réellement vécu sur les lieux mêmes où elles ont été découvertes à l'état fossile, et qu'elles n'y ont pas été transportées par des courants marins, elle ressort de la quantité de feuilles pressées en masse, qui, dans certains cas, se trouvent associées à des fruits, ou accompagnées de plantes marécageuses, ainsi que de la présence d'arbres debout avec

---

(1) *Comptes rendus de l'Académie des Sciences,* t. LXXVIII, pages 238 et 239, séance du lundi 26 janvier 1874.

(2) *Principes de Géologie.* Paris, 1873, t. I, page 266.

leurs racines, qu'y ont observés Rink et le capitaine Inglefield. »

A l'époque où prospéraient de telles flores, le climat des pays arctiques devait être singulièremet plus doux qu'il ne l'est aujourd'hui.

Les arbres à larges feuilles impliquent des étés chauds. Les arbres à feuillage toujours vert, à part le rhododendron, l'airelle, le houx, dont il n'est pas ici question, impliquent des hivers doux et pluvieux ; actuellement ils vivent sur les rivages de la Méditerranée, à Madère, aux lieux où les gelées sont peu à craindre : leurs bourgeons sont mal protégés ; — ils végètent durant la saison pluvieuse et suspendent leur séve au moment de la sécheresse. Le climat de la flore fossile arctique devait équivaloir au climat du midi de la France, du nord de l'Espagne et de l'Italie.

Dans ces dernières régions, la température moyenne annuelle est de 15 degrés. Au nordouest de l'Amérique, à l'île Disco, au nord du Spitzberg, la température moyenne annuelle est de 8 degrés au-dessous de zéro. Différence : 23 degrés.

Si le pôle était alors à la même place qu'aujourd'hui, — d'où provenait la chaleur fournie aux pays arctiques ? — Du soleil ou de la terre. Examinons ces deux cas.

Supposons que le soleil ait été assez incandescent, ou assez proche du globe, ce qui revient au même, pour élever de 23 degrés la température moyenne du nord du Spitzberg. A ce moment, quelle aura été la température moyenne à l'équateur?

Le calcul est facile. La quantité de chaleur reçue est proportionnelle aux cosinus des angles d'incidence des rayons. Le cosinus relatif au nord du Spitzberg étant 1, le cosinus relatif à l'équateur est environ 5,75. L'accroissement de température à l'équateur aura été de 132 degrés. En additionnant le chiffre 132 avec le chiffre 28, qui représente la température moyenne actuelle de l'équateur, — on obtient le chiffre de 160 degrés, pour la température moyenne de l'équateur au moment considéré.

Par un calcul semblable, on trouve que la température moyenne annuelle eût été de 148 degrés aux tropiques; — et, qu'au 45ᵉ degré de latitude, la température moyenne eût encore été sensiblement supérieure à celle de l'eau bouillante.

L'explication par le soleil n'est pas acceptable. Le phénomène de l'ébullition des océans eût laissé des traces. Et les eaux du globe n'auraient pas bouilli pendant cette seule phase géologique, — mais encore, et plus fortement, suivant toute apparence, à diverses autres époques. On a trouvé dans les régions arctiques des fossiles indiquant des climats plus élevés que ceux dont je viens de parler. Tels sont les végétaux de la flore houillère, découverts à l'île Melville, par 75 degrés de latitude, — au nord du Spitzberg, — et vers l'embouchure de la Lena, au 72e degré. Tel est le grand ichthyosaure rapporté par sir Edward Belcher d'une île située à 77°16′ de latitude. Tels seraient les palmiers et les cycadées qui, suivant une nouvelle récente, auraient été découverts dans les terrains de la baie d'Omenak, située au nord de Disco. D'après le professeur Nordenskiöld, nous possédons déjà des fossiles des pays arctiques, propres à sept époques géologiques différentes.

Je n'insiste pas ; l'hypothèse du réchauffement des pays arctiques par la radiation solaire est condamnée. Aussi bien les géologues paraissent s'attacher uniquement à la seconde hypothèse : celle du refroidissement lent du globe.

La doctrine courante veut que le globe, primitivement liquide, ait constamment perdu de sa chaleur jusqu'à l'époque actuelle. Uue croûte se serait formée à sa surface, aux pôles d'abord, par un refroidissement plus rapide, puis partout. Dès que l'extérieur de la croûte n'a plus eu qu'une température compatible avec la vie, les espèces des terrains fossilifères les plus anciens s'y sont développées. A ce moment, les climats étaient à peu près égaux par toute la terre, parce que la chaleur fournie par le soleil était petite, comparée à la chaleur propre du globe. Jusque très-tard les climats auraient été sensiblement égaux aux pôles et à l'équateur. Il faut que les choses se soient passées de cette manière pour expliquer les fossiles crétacés et même les fossiles du miocène trouvés aux pays arctiques. Aujourd'hui la croûte est épaisse, un peu plus aux pôles qu'ailleurs ; assez épaisse partout, pour que le globe ne perde plus de sa température propre, et pour que la chaleur donnée par le soleil soit la cause à peu près unique des climats. De là le froid actuel aux pôles. Telle est la doctrine courante. Peut-elle expliquer l'existence des flores récemment découvertes aux régions arctiques? — Je réponds : non ; et je vais le montrer.

Les végétaux dont les restes fossiles ont été découverts à l'île Disco, au Spitzberg, etc. — doivent avoir vécu à une époque géologique peu ancienne, car ils sont d'espèces très-semblables à des espèces actuellement existantes. Ils concordent en grande partie avec des espèces qui vivaient dans l'Europe occidentale aux temps miocènes ; — on profite de cette circonstance pour les déclarer miocènes. On sait cependant que beaucoup de nos anciennes espèces miocènes existent aujourd'hui à Madère, au Japon et sur la côte occidentale de l'Amérique du Nord. Si les fossiles avaient été trouvés dans l'un quelconque de ces pays, on n'oserait pas les dire miocènes. Rien ne montre qu'ils ne soient pas de date beaucoup plus récente. J'accorde qu'ils datent de l'origine du miocène inférieur. Je puis faire cette concession. C'est une ancienneté invraisemblable, et la plus grande qu'on puisse leur attribuer.

Entre l'origine du miocène inférieur et l'époque actuelle, les pays arctiques se seraient refroidis de 23 degrés. Les autres régions du globe se seraient refroidies au moins de là même quantité, puisqu'on admet que la plus grande épaisseur de la croûte terrestre se trouve aux pôles. Le chiffre de 23 degrés appliqué au total de la surface terrestre est un minimum ; je m'y tiens.

Supposons que la planète ait perdu des quantités égales de chaleur dans des temps égaux. Si nous appliquions la loi du refroidissement des corps, la proportion serait un peu différente, et la différence serait à l'avantage de mon raisonnement. Un corps perd d'autant plus de chaleur dans un temps donné et dans un milieu déterminé, que sa température est plus élevée. Supposons des pertes proportionnelles aux temps, et essayons d'évaluer quelle était la chaleur de la surface terrestre aux époques paléozoïques. Il s'agit, pour cela, de calculer la durée des temps écoulés depuis ces mêmes époques.

On estime comme suit les épaisseurs des terrains à fossiles (1) :

1er âge, primordial ...	70,000	pieds.
2e âge, primaire.....	40,000	—
3e âge, secondaire...	15,000	—
4e âge, tertiaire.....	3,000	—
5e âge, quaternaire ou actuel, — 500 ou 700 pieds.		

Les épaisseurs des terrains ne sont pas proportionnelles aux durées géologiques auxquelles ils correspondent, car un terrain quelconque s'est formé des érosions des terrains antérieurs. L'épaisseur totale des terrains quaternaires n'équivaut évidemment, comme durée, qu'à un nombre moindre de pieds des terrains tertiaires ; et ainsi de suite. Si je suppose que les épaisseurs sont proportionnelles aux temps écoulés, je ne risque aucunement d'exagérer les durées géologiques.

L'origine du miocène inférieur peut être placée vers le milieu du terrain tertiaire, car l'éocène est à lui seul au moins aussi épais que le miocène et

---

(1) ZABOROWSKI-MOINDRON, *Ancienneté de l'homme*, Paris, 1874, 1er vol., page 57. Si je ne fais erreur, M. Zaborowski-Moindron a dû puiser ces chiffres dans les œuvres du professeur Ramsay.

le pliocène réunis. L'épaisseur des couches comprises entre l'origine du miocène et l'époque actuelle est ainsi représentée par une hauteur de 2,200 pieds.

Nous admettons que chaque épaisseur de 2,200 pieds correspond à un abaissement de température de 23 degrés.

Il n'est pas nécessaire de remonter bien haut dans le terrain permien pour trouver au pôle, au lieu le moins chaud du globe, une température égale à celle de la fusion de l'étain. A mesure qu'on s'approche du Laurentien, on rencontre successivement les températures de fusion du bismuth, du plomb, du zinc, de l'argent, laquelle arrive même à être notablement dépassée.

Or, il n'est pas admissible que la vie de nos fossiles ait pu avoir lieu dans un milieu à température plus élevée que celle de la coagulation de l'albumine.

Assurément, les chiffres trouvés pour les températures anciennes sont ici trop faibles. Je concède cependant que j'aie exagéré de la moitié, des trois quarts, — je concède, si l'on veut, que la différence des climats indiquée par la flore fossile arctique a été estimée au quadruple de sa valeur. Le résultat total sera le même : la flore houillère aurait encore dû vivre, au pôle, à une température supérieure à celle de l'eau bouillante.

Une deuxième manière de calculer les temps géologiques a été indiquée par Lyell (1). Elle est basée sur la durée des espèces. Les espèces de coquilles de la dernière période glaciaire seraient, pour l'Europe occidentale, identiques, dans la proportion de 95 pour 100, aux espèces de coquilles actuellement existantes. Il estime que le terrain où l'on cesse de rencontrer des coquilles identiques aux coquilles actuelles est vingt fois plus distant de nous que la dernière période glaciaire. Il suppose qu'une « révolution complète dans les espèces » implique à toutes les époques géologiques une durée égale ; — telle est l'unité de mesure. Calculant d'après cette deuxième méthode, j'arrive, au terrain permien, à trouver une température supérieure à celle de la fusion du zinc.

La chaleur nécessaire à la végétation des pays arctiques n'a donc pu venir ni du soleil ni de la terre, dans l'hypothèse de la fixité du pôle.

Je puis faire valoir encore une considération : même si la chaleur nécessaire lui avait été fournie, la flore des régions arctiques n'aurait pas pu vivre.

Comment, en effet, cette végétation se serait-

---

(1) *Principes de Géologie*, Paris, 1873, t. I, page 394.

elle accommodée des longues nuits polaires? Le soleil est absent de l'horizon pendant 127 jours au 80° degré de latitude (1), pendant 97 jours au 75° degré, pendant 2 mois au 70°. Les arbres à feuillage toujours vert veulent, chaque année, une saison de croissance douce et humide et une saison de repos chaude et sèche. Ils n'eussent pas pu croître pendant la nuit polaire; — ou, si leurs feuilles avaient grandi à ce moment, la pousse eût été blanche, comme on le remarque sur les plantes qu'on fait croître à l'obscurité, et la nouvelle pousse serait morte au retour de la lumière. En outre, il devait y avoir une grande différence entre la température de la nuit de plusieurs mois et celle du jour de plusieurs mois, et la flore fossile arctique n'est pas celle des climats extrêmes.

Il est certain, qu'à l'époque où prospérait cette flore des pays arctiques, le pôle n'occupait pas le lieu qu'il occupe aujourd'hui. Donc le pôle se déplace à la surface terrestre.

Succession des espèces.— Les espèces animales et végétales qui vivent aujourd'hui sont largement représentées parmi les fossiles du pliocène supérieur, — elles se retrouvent moins nombreuses dans le pliocène ancien, mais la parenté

---

(1) Delaunay (H.), *Cours élémentaire d'Astronomie*, Paris, 1870, page 250.

des espèces du pliocène supérieur et du pliocène inférieur est évidente. On passe de la même manière du pliocène inférieur au miocène supérieur, sans interruption brusque parmi les espèces. On peut ainsi remonter de proche en proche, de terrain en terrain jusqu'à l'origine de l'époque secondaire. Entre le commencement de l'époque secondaire et la fin de l'époque primaire est une lacune qui n'a pas encore été comblée : les fossiles du nouveau grès rouge ne se retrouvent pas dans le terrain permien. Il y a des affinités de genres, mais les espèces sont différentes. Ainsi, la filiation des espèces peut être suivie jusqu'à l'origine de l'époque secondaire ; elle est surtout très-nette si on en borne l'étude à l'origine des terrains tertiaires.

On peut affirmer que, depuis le commencement de l'époque tertiaire jusqu'à nos jours, il n'est survenu aucun cataclysme de nature à exterminer simultanément un grand nombre d'espèces. Ceci ressort du seul examen des fossiles propres aux couches qui se superposent entre ces limites.

On pouvait croire aux cataclysmes alors qu'on ne connaissait qu'un petit nombre de couches, parce que les lacunes paraissaient graves. Les recherches récentes ont fait connaître un nombre considérable de couches, dont chacune présente des caractères intermédiaires à deux couches déjà connues. Fréquemment une espèce qu'on croyait bien éteinte à un certain étage, réapparaît à des étages plus récents, — dans la même région du globe, ou dans des régions éloignées. Les lacunes sont devenues petites ; les géologues savent, par leur expérience, combien elles ont tendance à s'effacer à mesure que progressent nos connaissances. Déjà l'on prévoit que les lacunes ne sont pas réelles, et que les espèces qui ont cessé d'exister se sont éteintes une à une, lentement, par la diminution progressive du nombre des individus. C'est ainsi que, dans les temps modernes, a disparu le dronte ; c'est ainsi que tendent à disparaître, l'auroch, l'élan, le chamois, le bouquetin, le castor.

Les périodes glaciaires paraissaient de nature à causer l'extinction simultanée de bon nombre d'espèces. On ne peut pas même montrer qu'elles en aient détruit une seule. Le mammouth, que l'on croit avoir vécu en Sibérie durant l'époque tertiaire et dont tant d'individus ont été enfouis dans les glaces de ce pays, — a été retrouvé en Europe dans des terrains postérieurs à la dernière période glaciaire. Le mastodonte avait vécu en Europe jusque vers le commencement de l'avant-dernière période de froid ; — on l'a retrouvé aux Etats-Unis dans des terrains superposés aux derniers terrains glaciaires. D'après M. Darwin (1), le *machrauchenia* a survécu dans l'Amérique du Sud, à la dernière période des glaces.

Ceci posé, examinons quels climats a dû posséder le globe depuis l'origine des temps tertiaires.

Les espèces qui vivent aujourd'hui dans la zone intertropicale étaient, aux époques antérieures, représentées par des espèces proches parentes, lesquelles devaient exister sous un climat également chaud. Une certaine portion de la surface terrestre a dû constamment présenter un climat semblable au climat intertropical actuel.

Il n'est pas nécessaire que la région chaude ait toujours demeuré au même lieu du globe,— mais il est nécessaire que sa température n'ait jamais beaucoup baissé, et il est nécessaire que la surface totale de la région n'ait jamais beaucoup diminué. Si, à une époque quelconque, l'une ou l'autre de ces conditions avait manqué, un grand nombre d'espèces eussent simultanément disparu. Longtemps après l'extermination, la région chaude aurait pu être repeuplée par les espèces survivantes ou les émigrants des provinces limitrophes ; les caractères des nouveaux habitants, plus ou moins modifiés par la cohabitation, la nature des lieux, — la sélection, auraient pu subir des modifications profondes, et les naturalistes au-

---

(1) *Voyage d'un naturaliste*, Paris, 1875, page 186.

raient eu matière à créer de nouveaux noms
d'espèces : — les espèces exterminées n'auraient
jamais reparu.

Ainsi, la région chaude du globe n'a jamais
pu, depuis l'origine des temps tertiaires, perdre
notablement de sa température ni de sa surface.
Sa température et sa surface ont-elles pu être
notablement augmentées?

Si ce fait s'était produit, il y aurait eu extermination des espèces propres aux régions froides.
S'il s'était produit dans la mesure que veulent
beaucoup de géologues, afin d'expliquer comment
des fossiles caractéristiques des climats chauds
ont été trouvés loin de l'équateur, — les espèces
des régions tempérées auraient elles-mêmes été
tuées.

Le globe n'a pas été alternativement brûlant et
glacé, comme le voulait Agassiz, — il n'a pas eu
la fièvre, car chacun des stades de froid ou de
chaud eût été marqué par une lacune dans la
série des espèces.

Notons encore qu'aucun des fossiles que nous
connaissons n'indique un climat plus chaud
que le climat équatorial actuel ; — et que rien,
en aucune région du globe, ne marque que le
froid ait jamais été plus intense qu'il l'est maintenant aux pôles.

Tout nous porte à croire que la température

générale de la surface du globe n'a pas sensiblement varié depuis le commencement de l'époque tertiaire jusqu'à l'époque actuelle.

Dans l'hypothèse de la fixité de l'axe de rotation, la parenté continue des espèces est en complète contradiction avec les signes d'un climat chaud trouvés loin de l'équateur et les signes d'un climat froid trouvés loin des pôles.

Il est naturel de conclure que les zones propres aux divers climats se sont déplacées sur la surface du globe.

Rareté des fossiles du climat glacial. — Dans les régions arctiques les animaux terrestres et les plantes sont en petit nombre. Ils vivent dans les lieux bas, proche des rivages, car les lieux élevés sont toujours recouverts d'un manteau de neige ou de glace. Leurs restes sont généralement ensevelis à une petite hauteur au-dessus du niveau de la mer, ou même au-dessous de ce niveau. Si un animal périt dans la neige ou dans une crevasse de glacier, son corps, par le mouvement de descente du milieu où il est enfoui, est tôt ou tard porté aux bords de la mer.

Les animaux marins sont nombreux ; les testacés pullulent dans la boue produite par l'érosion des roches. Cette boue contient certainement des principes alibiles que peuvent s'assimiler des organismes inférieurs. Les débris des espèces marines restent généralement dans le lieu où elles ont vécu.

Les fossiles à caractère glacial doivent être cherchés vers le niveau des anciennes mers polaires, ou au-dessous de ce niveau. Or, les terres, nous l'avons vu, sont très-émergées au voisinage des pôles.

Les couches à fossiles arctiques ou antarctiques se recouvrent d'une couche d'eau dont l'épaisseur croît d'autant plus que le pôle s'en éloigne davantage.

Nous ne connaissons qu'un petit nombre de dépôts à fossiles caractéristiques d'un climat glacial. Ceux-ci, on a lieu de le croire, ont été formés dans des circonstances analogues à ceux qui se forment au voisinage de l'île de Terre-Neuve. Les fossiles de Terre-Neuve pourront très-bien émerger à une latitude inférieure à celle de l'Écosse.

Il n'est pas rare qu'au-dessous d'un dépôt à coquilles caractéristiques d'un climat froid, on trouve des terrains à coquilles propres à un climat plus doux. En voici la raison. Des rivages voisins du pôle, mais baignés par des courants chauds, ont une température relativement élevée ; exemple, le nord-ouest de la Norvége. D'autres rivages, que leur latitude appelait à un climat tempéré, subissent au contraire un froid considérable; tel est le cas du nord-est de l'Amérique, et, mieux encore, de la Georgie du Sud, située à l'est de la Terre de Feu. A mesure que le pôle se déplace, les courants changent de direction. Il se peut donc qu'un rivage qui, en premier lieu, a reçu une faune indiquant un climat à peine froid, — vienne, sous une latitude inférieure à la première, à recevoir une seconde faune à caractère beaucoup plus froid. De cette manière le dépôt le plus glacial est le plus élevé.

Les dépôts propres aux climats intertropicaux sont ceux qui demeurent le plus facilement émergés et visibles. Ils paraissent ainsi plus nombreux que les autres.

La rareté des fossiles du climat glacial et la fréquence des fossiles des climats chauds confirment ma théorie. Elles ont contribué à faire croire aux géologues que la température générale du globe était plus élevée aux époques anciennes qu'à l'époque actuelle.

L'émergence des terrains qui se produit autour du pôle, et surtout au-devant de lui, — aide encore à comprendre comment les périodes glaciaires n'ont pas été la cause d'extinctions d'espèces terrestres.

Distribution des aires géographiques. — Dans les régions arctiques la faune et la flore se montrent assez homogènes pour qu'on en fasse une seule aire géographique. A mesure qu'on s'écarte du pôle, les espèces qui vivent sur les mêmes parallèles deviennent plus distinctes. Les parties tempérées de l'Amérique du Nord n'ont pas les mêmes habitants que l'Europe, — ni l'est de l'Asie. Les espèces de la côte orientale des États-Unis diffèrent suffisamment de celles de la côte occidentale pour qu'on les sépare en deux aires. La divergence s'accentue vers les tropiques. A l'équateur sont des aires nombreuses que limitent les mers et les chaînes de montagnes.

Puisque durant le déplacement polaire les mers fuient les pôles et affluent à l'équateur, les communications entre les espèces qui vivent sur un même parallèle doivent être fréquentes vers les pôles et très-rares vers l'équateur. Les communications fréquentes mêlent les espèces de même climat et tendent à unifier les aires.

Iles océaniques. — Dans l'aire arctique les espèces sont en petit nombre; mais les individus appartenant à une même espèce sont souvent très-nombreux. Il y a davantage d'espèces dans la région subarctique; davantage encore dans la zone tempérée. Enfin, les espèces se montrent extrêmement nombreuses vers les tropiques et surtout vers l'équateur. En règle générale le nombre des espèces qui peuplent une surface déterminée de terrain est d'autant plus grand que le terrain est choisi plus près de l'équateur.

Les régions froides sont principalement pauvres en espèces d'arbres, de reptiles et de mammifères terrestres.

A égalité de surface, une ile quelconque contient toujours moins d'espèces que les portions des continents situées sous les mêmes latitudes. L'île se montre d'autant plus pauvre en espèces qu'elle est plus éloignée du continent et que le bras de mer qui l'en sépare est plus profond.

Les îles très-écartées, les îles océaniques, comme les nomme M. Darwin, sont pauvres en espèces d'arbres et sont généralement privées de reptiles et de mammifères terrestres. Il ne faut pas compter les espèces introduites par l'homme. Les seuls mammifères que l'on ait trouvés dans le plus grand nombre des îles océaniques sont des chauves-souris, lesquelles souvént voyagent fort loin des côtes continentales. Leurs reptiles appartiennent presque uniquement aux espèces marines.

Les îles océaniques contiennent des espèces qui leur sont propres et qu'on ne retrouve pas ailleurs. Plusieurs ont des flores très-singulières.

12.

Quelque spéciales que soient la faune et la flore d'une île, elles se rapprochent presque toujours, par le caractère général, de la faune et de la flore du continent le plus proche.

Si certaines espèces sont absentes des îles océaniques, ce n'est pas parce que le terrain ne leur serait pas propice : — « On ne saurait citer une seule île, dit M. Darwin (1) dans laquelle nos petits mammifères ne se soient pas naturalisés et abondamment multipliés » ; il dit encore (2) : — « Des grenouilles introduites à Madère, aux Açores et à l'île Maurice s'y sont multipliées au point de devenir incommodes. »

Cette absence s'explique très-bien par la relation qui lie les mouvements séculaires du sol au déplacement polaire. Si la mer qui sépare une île du continent voisin est peu profonde, — l'île doit n'avoir été séparée du continent qu'à une latitude un peu plus haute ; en ce cas, leurs espèces sont peu différentes. Si la mer est très-profonde, l'île a cessé de toucher au continent dès une latitude prochaine du pôle, à un moment où elle avait peu d'espèces d'arbres, et où probablement elle ne possédait ni reptiles ni mammifères.

______

(1) *L'Origine des espèces*, Paris, 1873, page 420.
(2) *Ibid.*, page 419.

Tel est le cas des îles océaniques ; leur population se compose des espèces qui peuvent franchir les mers ; et aussi des habitants primitifs, profondément modifiés par un long isolement, par le passage sous divers climats, par la cohabitation avec des espèces étrangères, par la variation de grandeur de la surface habitable.

L'Australie et la Nouvelle-Zélande sont de grandes îles océaniques, lesquelles paraissent être restées isolées depuis des temps considérables. Les marsupiaux caractérisent aujourd'hui la faune australienne ; et leurs ossements forment la plus grosse part des fossiles qu'on trouve dans les cavernes à brèches de l'Australie. La faune si pauvre de la Nouvelle-Zélande est caractérisée par le kiwi, la plus petite des autruches vivantes ; aux dernières époques géologiques, ce pays possédait principalement aussi des autruches.

Migration des aires. — A mesure que se déplacent les climats sur les surfaces ininterrompues des continents, — les aires géographiques doivent tendre à se transporter afin de conserver les climats qui leur sont propres. Assurément les chaînes de montagnes, les grands fleuves, sont des obstacles à beaucoup d'espèces. Il est certain qu'après de longs voyages, les espèces d'une aire géographique quelconque ne sont plus ce qu'elles étaient en premier lieu. Mais, de même que les populations des îles océaniques conservent la physionomie des populations souches, — de même aussi, après un certain espace de temps, une aire émigrée doit montrer quelques-unes des caractéristiques anciennes.

On a pu reconnaître que les principaux membres des anciennes flores miocènes d'Europe vivent aujourd'hui au Japon et dans les provinces du sud-est des États-Unis d'Amérique. La faune qui vivait dans l'Amérique du Nord à l'époque pliocène ressemble beaucoup plus aux faunes post-glaciaire et récente d'Europe qu'à la faune américaine moderne (1). D'après M. Schimper (2), la flore actuelle de l'Europe est venue de l'Asie. D'après M. Huxley (3), la faune miocène d'Europe est dérivée de l'éocène supérieur asiatique, et cette dernière faune serait elle-même venue de l'éocène inférieur de la portion de l'Afrique située au sud du Sahara.

La faune des mollusques est peut-être, de toutes, celle qui varie avec le plus de lenteur, celle qui garde le plus longtemps des caractères reconnaissables. Suivant M. Woodwards (4), les

---

(1) Lyell, *Ancienneté de l'homme*, Paris, 1870, page 484.
(2) *Traité de Paléontologie végétale*, 1er vol., page 94.
(3) *Revue des cours scientifiques*, Paris, 1870, t. VII, p. 456.
(4) *Manuel of the Mollusca*, cité par M. Gustave Dollfus, — *Principes de Géologie transformiste*, Paris, 1874, page 143.

mollusques qui vivaient en Europe durant la période miocène, vivent actuellement dans la Méditerranée et sur les côtes du golfe de Guinée ; — ceux de l'éocène se retrouvent dans la mer Rouge et l'océan Indien ; — ceux de la période crétacée : au fond de l'Atlantique ; — ceux de la période wealdéenne : à l'archipel des Galapagos ; — ceux de la période jurassique : sur les côtes de l'Australie ; — ceux du trias : à la Nouvelle-Zélande ; — ceux des temps paléozoïques vivraient aux îles de l'océan Antarctique.

Il n'est pas rare qu'une espèce, propre à une certaine aire géographique, se retrouve dans des aires éloignées. Les colonies arctiques, isolées sur les sommets des Alpes, en sont un bon exemple. Au Faulhorn on a distingué 132 phanérogames, dont 40 vivent en Laponie et 8 au Spitzberg. Au Jardin, 87 phanérogames, dont 50 communs au Faulhorn, 24 à la Laponie et 5 au Spitzberg.

Alors que pour les Alpes finissait la dernière période glaciaire, alors que se réchauffaient les plaines et que les hauteurs demeuraient froides, un bon nombre des individus appartenant aux espèces arctiques continuaient à vivre à certaines altitudes ; et, à mesure du réchauffement de la contrée, gravissaient les pentes afin de conserver la température favorable. Ces retardataires dessinent comme des îles arctiques au milieu d'une

région tempérée. Ils ont été profondément modifiés en un temps relativement court, car ils ont
éprouvé des différences notables dans les conditions de leur existence : — pression barométrique
moindre, électricité atmosphérique plus grande,
moins d'acide carbonique et plus d'ammoniaque
dans l'air, vents plus violents, rayons solaires
plus lumineux, — et, par-dessus tout, des nuits
et des jours se succédant à intervalles presque
égaux de douze heures. Aussi les botanistes ont-ils
été induits à créer quantité de nouveaux noms
d'espèces.

Par ce même moyen, des espèces des climats
tempérés, et encore des climats froids, ont pu
passer d'un hémisphère dans l'autre. A l'approche
de l'équateur, elles gagnaient en altitude, — et
redescendaient dans les plaines, l'équateur étant
éloigné. On estime que la Terre de Feu possède
de quarante à cinquante espèces de phanérogames
propres également à l'Europe. Toutes ces espèces
se retrouvent dans l'Amérique du Nord, laquelle
a dû servir de lieu de passage. Beaucoup de
plantes sont communes à l'Australie et à l'Europe, qui n'existent pas dans les régions chaudes
intermédiaires. Le même rapport existe entre des
espèces d'Europe et des espèces qui prospèrent à
de certaines altitudes sur l'Himalaya, dans l'Inde,
à Ceylan, à Java, au Brésil.

De même que durant les voyages des aires géographiques et des climats, les montagnes servent d'asile contre la chaleur, — de même encore, mais dans une mesure bien moindre, des lieux bas et abrités peuvent protéger contre le froid. Quelques côtes du midi de l'Europe ont une flore semblable à celle du nord de l'Afrique. Si le pôle venait à s'éloigner de nos régions, celles-ci ne tarderaient pas à être peuplées par le développement de la flore sauvegardée.

- Ainsi, les colonies d'espèces étrangères indiquent les migrations des aires, — et ces dernières impliquent les migrations des climats.

Conséquences géologiques. — Si le déplacement polaire s'est exercé durant les époques géologiques anciennes, — alors, comme aujourd'hui, les espèces devaient être groupées en aires géographiques, et les migrations des climats devaient produire les migrations des aires et les variations des espèces des îles océaniques. Il ne faut pas s'attendre à ce qu'à une époque quelconque les mêmes espèces aient vécu simultanément sur toute la surface du globe, — lequel n'aurait ainsi formé qu'une seule aire géographique. La classification des fossiles en époques successives, faite pour les terrains d'Europe d'après leur ordre de superposition, — doit cesser d'être vraie hors d'Europe, car les mêmes espèces n'ont pas pu, aux mêmes époques, se succéder partout dans le même ordre.

Prenons un exemple. Le pliocène inférieur de l'Europe occidentale est caractérisé par certaines espèces de mammifères, de coquilles, de plantes, dont on a dressé la liste. Un géologue trouve dans une couche de France quelques-unes des espèces inscrites sur la liste; il peut dire : « Cette couche appartient au pliocène inférieur; » il peut dire encore : « Plus bas, je trouverai les espèces du miocène supérieur; plus haut, je trouverai les espèces du pliocène supérieur; » — et ses recherches viennent lui donner raison. Le même géologue explore un terrain de l'Amérique du Sud : Il y trouve des espèces de la liste du pliocène inférieur; — peut-il s'attendre, en continuant à fouiller la couche, à mettre à jour les mêmes espèces qu'il eût trouvées en Europe? — Non, si le déplacement polaire est une vérité. Il découvrira des fossiles qu'on regarde comme spéciaux aux étages plus anciens, d'autres qu'on estime d'espèces récentes. Il ne saura pas s'il doit classer la couche dans le pliocène ou ailleurs. Si le plus grand nombre des fossiles concorde avec ceux du pliocène inférieur d'Europe, il dira : « Cette couche est du pliocène inférieur. » Il ne pourra pas ajouter : « Elle s'est déposée en même temps que se déposaient les couches similaires de France ; — car il ne trouvera pas au-dessous, au moins en nombre suffisant, les espèces qui caractérisent le miocène supérieur de France ; ni, au-dessus, les espèces du pliocène supérieur. Il trouvera des assemblages de fossiles qu'on ne voit jamais réunis dans les terrains d'Europe ; et il estimera très-difficile d'appliquer aux terrains d'Amérique les noms des terrains européens.

Les couches fossilifères étudiées hors d'Europe sont réellement aussi différentes des nôtres que je viens de le dire.

M. Jules Marcou, le savant auteur de la *Carte géologique de la terre,* après avoir exposé la classification qu'il a choisie afin de réunir par larges groupes les terrains du globe, s'exprime comme suit (1) : « La classification des roches stratifiées n'est d'ailleurs que provisoire, elle n'est propre véritablement qu'à la zone tempérée septentrionale, et même, dans cette zone, elle est limitée aux bassins de l'océan Atlantique et de la Méditerranée. Aussitôt que l'on sort de ces limites et que l'on arrive soit dans l'Inde, soit sur le Missouri et en Californie, de prime abord on vient se buter

---

(1) *Bulletin de la Société de Géographie,* année 1873, 1er vol. page 638.

contre des difficultés qui, d'abord regardées et surtout traitées assez légèrement par la plupart des observateurs, se dressent de plus en plus comme des obstacles qui ne peuvent être ni passés sous silence, ni encore moins tournés. A plus forte raison, lorsque l'on sort de la zone tempérée septentrionale, on ne trouve plus que des anomalies, des difficultés qui, loin d'aller en s'éclaircissant avec le temps, prouvent au contraire de plus en plus l'insuffisance des classifications et le peu de valeur des lois dites paléontologiques. » Et il donne des exemples. Une même couche du Pundjab, épaisse d'un pied et demi, réunit des formes fossiles qui, dans l'Europe centrale, se répartissent entre des terrains très-distincts : — les terrains carbonifères, triasique et jurassique. En Californie, les fossiles tertiaires et crétacés sont mélangés ; etc.

Presque toutes les couches à fossiles sont d'origine marine. Lyell et M. Darwin ont montré qu'elles n'avaient chance de résister aux érosions des vagues que si elles se déposaient durant une période d'immersion des rivages. Chacun des terrains que nous étudions en Europe, ne peut donc nous donner vue que sur une portion limitée d'une époque de durée peut-être très-longue. Il n'y a pas à s'étonner que des groupes d'espèces

semblent apparaître ou disparaître subitement;
— surtout si on limite ses recherches à un pays
de peu d'étendue. Quelque loin qu'on pousse
l'étude des terrains de France, on observera toujours une certaine différence dans les assém-
blages des fossiles propres à deux couches d'époques successives. Les assemblages à caractère
intermédiaire, on le sait, sont fréquents dans les
pays voisins. Les grandes lacunes ont chance
d'être comblées par les recherches en pays loin-
tains. Il se peut, en effet, que, durant de longues
périodes géologiques, nos pays n'aient pas été
traversés par les aires en voie d'émigration; qu'ils
se soient trouvés dans une situation analogue à
celle qu'offre aujourd'hui l'Australie. Si cette dernière région venait à être reliée au continent, elle
serait subitement peuplée par des espèces très-
différentes de celles qui l'habitent; les géologues
futurs trouveraient une lacune; mais ils pourraient la combler à l'aide de recherches opérées
sur les autres points du globe.

Les moyens termes entre les genres distincts
d'animaux ou de végétaux peuvent être trouvés
de la même manière. Déjà de belles découvertes
récentes, parmi lesquelles il faut citer celles de
M. Gaudry, permettent de l'affirmer.

En somme, l'étude des terrains à fossiles confirme les migrations des aires, — et montre que le déplacement polaire s'effectue depuis les temps les plus éloignés que nous signale la paléontologie.

CHAPITRE VII.

RÉSUMÉ DES PREUVES.

J'ai donné sept preuves distinctes du déplacement de l'axe de rotation de la terre. Chacune de ces preuves, je tiens à le faire remarquer, est complétement indépendante des six autres ; en sorte que, si quelqu'une d'elles venait à être reconnue fautive, — la conclusion générale, à savoir, que le pôle varie de position sur la sphère, — serait encore largement fondée. Je résume les sept preuves.

1. **Terres polaires.** — Les érosions des diverses espèces tendent à faire disparaître les terres émergées. L'action érosive est plus puissante vers les pôles que partout ailleurs sur le globe. Si les pôles étaient fixes, on ne trouverait pas de terres émergées à leur voisinage ; — au plus, une faible proportion. Cependant les terres émergées abondent particulièrement aux pôles. Donc les pôles ne sont pas fixes.

2. Forme compliquée du globe. — La figure de la terre n'est pas exactement un ellipsoïde de révolution. Les complications de sa figure ne s'expliquent ni par la rotation d'une masse liquide, ni par la rotation d'une masse solide suivant un axe fixe. Elles s'expliquent par les variations de position de l'axe.

3. Antipodes. — Un certain grand cercle divise la surface terrestre en deux hémisphères entre lesquels les terres sont très-inégalement réparties. Le centre de gravité du globe ne coïncide pas avec son centre de figure.

Les expériences du péndule prouvent aussi que la composition intérieure du globe est irrégulière.

L'étude de la carte des antipodes montre avec évidence que les terres et les mers, — ou mieux, les saillies et les creux, — ne sont pas disposés au hasard. Les antipodes de l'Australie, des îles de la Polynésie, des îles de la Sonde, etc., sont évidemment placés suivant certaines règles ; règles qu'on peut formuler ainsi : 1° au voisinage du grand cercle, les saillies ont souvent pour antipodes des saillies ; et les creux, des creux ; — 2° en dehors de la zone du grand cercle, les saillies ont souvent pour antipodes des creux, et réciproquement.

L'hétérogénéité de l'intérieur du globe et le

défaut de coïncidence des centres étant admis, on doit, pour expliquer la distribution des antipodes, — admettre encore le déplacement de l'axe de rotation.

4. Mouvements séculaires. — L'émergence et l'immersion lentes des terres n'occupent que depuis peu de temps l'attention du monde savant. On croyait ces mouvements propres seulement à quelques régions spéciales. Ils n'ont pas encore été étudiés par toute la terre ; cependant les observations sont devenues assez nombreuses pour qu'on voie dans les mouvements séculaires un fait général, — fait d'une haute importance, puisqu'il explique la formation des assises sédimentaires des roches.

Les mouvements séculaires se répartissent à la surface du globe suivant un ordre qui marque clairement leur cause principale. Ils prouvent le déplacement de l'axe terrestre.

5. Périodes glaciaires. — En divers lieux et dans des terrains appartenant à diverses époques géologiques, — on a trouvé des traces de phénomènes glaciaires, lesquelles ressemblent sous tous les rapports à celles qui auraient été produites par un déplacement lent du pôle à la surface du globe.

Considérant certaines particularités (grandeur des glaciers terrestres, sens des mouvements lents du sol, conservation des espèces équatoriales, traces glaciaires à l'équateur), on est forcé de rejeter chacune des nombreuses hypothèses émises jusqu'ici pour expliquer les phénomènes glaciaires anciens. Le déplacement polaire seul est admissible.

6. Flore fossile arctique. — Une flore très-différente de la flore polaire a prospéré dans les régions arctiques. Elle avait donc de la chaleur et de la lumière en suffisance. Or, il est impossible d'expliquer cette chaleur et cette lumière dans le cas où le pôle aurait occupé à cette époque le même lieu qu'il occupé aujourd'hui. Donc le pôle se déplace à la surface du globe.

7. Parenté des espèces fossiles. — L'étude comparée des espèces actuelles et des espèces fossiles permet d'affirmer que depuis l'origine des temps tertiaires la terre n'a subi aucun cataclysme de nature à faire périr simultanément un grand nombre d'espèces. Des cataclysmes de cet ordre se fussent produits si le globe en totalité s'était assez réchauffé ou assez refroidi pour que, conservant l'hypothèse de la fixité de l'axe, on pût expliquer les phénomènes de chaleur observés loin de l'équateur et les phénomènes de froid observés loin des pôles.

La parenté des espèces prouve que les zones propres aux divers climats n'ont jamais été anéan-

ties, — et qu'elles se sont déplacées sur la surface terrestre.

Confirmations. — J'ai fait suivre ces preuves
d'un certain nombre de considérations relatives :
— à la rareté des fossiles du climat glacial, — à
la distribution des aires géographiques, — aux
populations des îles et des aires confinées, — à la
migration des aires continentales, — aux colonies
éparses, — aux caractères des assemblages de
fossiles. Chacune de ces considérations confirme
le déplacement polaire ; et plusieurs d'entre elles
pourraient être considérées comme des preuves
distinctes.

Je crois donc avoir démontré que l'axe de la
rotation terrestre n'occupe pas une position fixe
à l'intérieur de notre globe.

ÉPILOGUE

J'ai amassé un bon nombre de matériaux afin
de définir la cause du déplacement de l'axe du
globe et la forme de la trajectoire polaire. La
cause du déplacement de l'axe ne m'apparaît encore que d'une manière très-vague ; elle ne consiste certainement pas dans les charriages qui se
produisent à la surface de la terre ; — ceux-ci
sont plutôt un effet des variations polaires. Quant
à la forme de la trajectoire, je crois pouvoir la
déterminer, au moins avec une grande probabilité ; je crois aussi pouvoir indiquer avec quelque
approximation la vitesse du déplacement du pôle.

L'étude de ces questions devait former la
deuxième partie de ce travail. Il y a danger, je
le sens, à exposer d'un seul coup tant d'idées nouvelles. Et j'espère que les critiques qui se produiront relativement à la première portion de mon

œuvre me donneront des lumières pour la seconde.

Ces critiques, je n'arriverai peut-être jamais à les connaître si leurs auteurs n'ont pas l'obligeance de me les adresser. J'habite Chambéry.

Le scindement de mon travail en deux publications offre des inconvénients. Le dernier chapitre de la deuxième partie était destiné à l'historique de la question. Le déplacement de l'axe du globe n'est pas une idée neuve : cette idée a été émise dès le xv⁰ siècle par Alessandro degli Alessandri ; et depuis cette époque elle a été diversement présentée par de Boucheporn, Klügel, J.-W. Lubbock, Frédérik Klee, M. J. Bourlot, M. T. Evans, et Mᵐᵉ Clémence Royer. Certainement cette liste n'est pas complète ; je m'efforcerai de la compléter. Je n'ai emprunté aucun argument à ces auteurs ; j'avais cependant le devoir de citer leurs noms avant de déposer la plume.

NOTES

NOTE A.

MOMENT D'INERTIE.

(Page 2.)

Le *moment d'inertie* d'un corps, relativement à un axe, est la somme des produits de chacune des molécules de ce corps par le carré de sa distance à l'axe.

Supposons une ellipse tournant autour de son petit axe. Elle décrit une surface englobant un solide nommé ellipsoïde de révolution. Dans ce corps, l'axe de rotation correspond au moment d'inertie *maximum*. Tel est le cas de l'axe de rotation de la terre.

Si l'on fait tourner l'ellipse autour de son grand axe, on obtient un autre ellipsoïde de révolution, dans lequel l'axe de rotation correspond au moment d'inertie *minimum*.

NOTE B.

FUSION PRIMITIVE DU GLOBE ET PYROSPHÈRE.

(Page 12.)

Presque tous les géologues admettent les deux propositions suivantes :

1° Notre globe a été soumis à une très-haute température, tellement que tous les matériaux solides étaient alors à l'état liquide ou gazeux ; — ceci, antérieurement à la formation des terrains de sédiment et à l'apparition des premiers êtres organisés ;

2° L'intérieur de notre globe possède encore aujourd'hui une température très-élevée qui le maintient à l'état liquide ; une mince épaisseur à la surface du sphéroïde est seule solidifiée.

L'intérieur liquide et incandescent se nomme la pyrosphère. L'épaisseur solide extérieure se nomme la croûte terrestre.

Le plus grand nombre des géologues tiennent ces deux propositions pour certaines ; tout au moins, spéculent, se basent sur elles, comme si elles étaient absolument établies, afin d'édifier des théories. Cependant elles sont loin d'être démontrées ; même la seconde proposition est devenue très-improbable par le fait de travaux récents.

Dans presque tous les traités de géologie on trouve des arguments en faveur des deux propositions. J'ai recueilli ceux qui sont venus à ma connaissance; je vais les résumer, montrer leur peu de valeur et exposer brièvement les raisons contraires.

Arguments en faveur d'un état originel de fusion de la planète :

1° Suivant la théorie cosmogonique de Laplace, la matière de notre planète a fait primitivement partie d'une masse gazeuse qui comprenait toute la substance des astres du système solaire ; notre globe a été liquide, comme état intermédiaire entre l'état gazeux et l'état actuel ;

2° La forme ellipsoïdale de la terre prouve sa liquidité originelle ;

3° Le sol primordial, c'est-à-dire antérieur aux terrains de sédiment, est d'origine ignée : les roches qui le composent sont des liquides devenus solides par le refroidissement ;

4° Les matériaux de la croûte terrestre sont superposés dans l'ordre de leurs poids spécifiques ;

5° Le globe est encore liquide à l'intérieur.

Arguments pour l'existence de la pyrosphère :

1° Le globe a été originellement fluide en totalité ;

2° Les volcans sont des évents, des soupapes de sûreté, qui communiquent par le bas avec la pyrosphère ; l'existence des volcans prouve l'existence de la pyrosphère ;

3° Les matières vomies par les volcans aux anciennes époques géologiques avaient moins de densité que les matières récemment vomies ; cette densité croissante montre que la croûte terrestre va s'épaississant, car les liquides de la pyrosphère sont superposés par ordre de densité décroissante ;

4° On voit la température croître à mesure qu'on descend plus profondément dans le sol ; ceci est bien prouvé par les travaux des mines, les puits artésiens, les sources thermales ;

5° Les exhaussements et les affaissements répétés de portions de la surface du globe, les plissements, les ruptures des terrains prouvent la liquidité intérieure du globe ;

6° La surface terrestre est constamment allée se refroidissant pendant les époques géologiques successives ; à preuve les fossiles indiquant des climats chauds, qu'on trouve dans les régions arctiques, aujourd'hui glacées.

Fusion primitive du globe. — Le premier des arguments émis en faveur de la fusion primitive du globe est le plus puissant des cinq. La théorie cosmogonique de Laplace a pour elle le grandiose qui s'attache aux vastes idées ; — l'idée est vaste dans l'espace et vaste dans le temps. Elle a pour elle, en dehors de cette poésie qui la rend populaire, — un aspect de certitude mathématique imposant aux yeux des hommes de science, parce qu'elle émane du grand mathématicien Laplace. Elle s'étaye encore des renommées de Kant et d'Herschell ; — car chacune de ces trois vigoureuses intelligences a contribué pour une part à la théorie cosmogonique qui, en France, porte le nom de Laplace. Je ne l'expose pas ici, parce qu'elle est très-connue; on la trouvera dans la plupart des traités d'astronomie et de géologie; je renvoie notamment au livre de Laplace : *Exposition du Système du monde* (1) et au livre *La Terre*, de M. Elisée Reclus (2). Cependant Laplace n'a pas donné sa théorie comme un fait démontré; il ne l'a émise que comme une hypothèse qui attend des vérifications ultérieures; il ne l'a présentée qu'avec défiance; ce mot est de lui. Sans doute, elle explique nombre de phénomènes astronomiques; mais elle n'explique pas l'origine des comètes et elle se trouve en contradiction avec le mouvement rétrograde des lunes d'Uranus. En outre, cette théorie n'est pas la seule qu'on puisse imaginer afin de satisfaire à la distribution et aux mouvements des corps célestes. Parmi les autres hypothèses qu'on peut construire, j'en vois une qui, si elle était développée, expliquerait tout ce qu'explique la théorie de Laplace, et encore plusieurs autres faits importants, tels que l'incandescence durable du soleil, la lumière zodiacale (3), la chute d'aérolithes sur la tèrre. Elle consisterait à supposer que l'espace était, à l'origine, parsemé d'aérolithes, de petits corps indépendants et gravitant chacun dans leur orbe, pourvus ou non d'atmosphère, — lesquels se sont attirés, ren-

---

(1) Note à la fin du volume.

(2) Premier volume, page 18 et suivantes.

(3) Voyez LIAIS, *L'Espace céleste*, chap. VII,

contrés, agglomérés en sphères, et continuent à tomber sur le soleil et sur les planètes.

Je ne crois pas que la science de l'astronomie soit assez avancée pour que, dès aujourd'hui, on puisse établir une bonne théorie cosmogonique; j'entends par là une théorie qui serve utilement de base pour construire d'autres théories. Peut-être le pourra-t-on quand on aura résolu quelques-unes des questions à l'étude : la nature des comètes, l'anneau de Saturne, la lumière zodiacale, les températures des espaces stellaires, la composition des atmosphères lumineuses des étoiles, les nébuleuses, etc.

. Laissons ce sujet. Le premier argument en faveur de la fusion originelle du globe n'est pas probant, puisque nos vues cosmogoniques sont incertaines.

Le second argument, relatif à la forme ellipsoïdale du globe, a été, je crois, réfuté dans le premier chapitre du présent travail.

Le troisième argument fait appel à l'origine ignée des roches des couches les plus profondes des terrains.

Les géologues qui acceptent la fluidité originelle de la planète, s'entendent très-bien pour classer les terrains en deux grandes divisions : les terrains formés par voie de sédiment, — et, au-dessous, les terrains primordiaux, lesquels représenteraient la première pellicule de la croûte terrestre. Mais ils ne s'entendent plus dès qu'il s'agit de dire quelles roches composent le terrain primordial. Un grand nombre, à la suite de Werner, disent : — Le terrain primordial, c'est le granite ; — d'autres, à la suite de Cordier, disent : Le terrain primordial se compose des schistes cristallins.

Aux partisans du granite on oppose deux objections insurmontables : 1° le granite ne peut pas être une roche d'origine ignée ; — dans la plupart des granites, le feldspath forme des cristaux empâtés dans le quartz ; or, dans une masse fondue, le feldspath, plus fusible que le quartz, aurait dû se solidifier après celui-ci ; — le granite contient aussi diverses substances qui n'eussent pas supporté une haute température ; 2° des roches granitiques ont été formées même durant des époques géologiques très-récentes, car on trouve des fragments de calcaires d'origine tertiaire englobés dans des pâtes de granites.

Aux partisans des schistes cristallins on oppose des raisons tout aussi péremptoires : — dans le gneiss, qui forme la base des schistes cristallins, on a trouvé une plante fossile, l'*equisetum Sismondæ* ; une coquille, l'*eozoon canadense*, a été découverte dans des roches calcaires recouvertes elles-mêmes par des couches de gneiss et d'autres schistes cristallins ; — en outre, le gneiss renferme des corps étrangers, des nodules, lesquels ont souvent l'apparence de fossiles dénaturés par voie de métamorphisme. Que l'on s'obstine à nier l'authenticité de l'*equisetum Sismondæ* et à contester la réalité de l'*eozoon canadense*, — il n'en est pas moins constant que le terrain laurentien et divers terrains d'Europe montrent, au-dessous de schistes cristallins, des couches calcaires puissantes, lesquelles sont certainement d'origine antérieure et sont certainement de formation sédimentaire.

S'il y a des roches primordiales, elles nous sont totalement inconnues; ainsi, le troisième argument est sans valeur.

J'ai tiré le quatrième argument du *Traité de Géologie* de M. Contejean (1). Je rétablis le texte. Parmi les « preuves du feu central et de la fluidité ignée originelle de la Terre, » il donne, comme quatrième « preuve » : — « Le tassement et la disposition des matériaux de l'écorce solide dans l'ordre de leur poids spécifique, et l'augmentation de la densité dans les couches profondes. » Ce texte n'est pas très-clair. L'idée fondamentale me paraît être celle-ci :

Alors que la sphère était entièrement fondue, les liquides les plus lourds occupaient le centre du globe, et les plus légers la surface. La croûte terrestre s'est en premier lieu formée des liquides les plus légers, — et, devenant plus épaisse, elle s'est augmentée de la solidification de liquides de plus en plus denses. Ainsi, les matériaux de la croûte terrestre seraient superposés dans l'ordre de leurs densités décroissantes.

Sans doute, M. Contejean ne veut pas parler des terrains déposés par voie de sédiment. Ceux-ci ne

---

(1) Contejean (Ch.), *Éléments de Géologie et de Paléontologie*, Paris, 1874, page 114.

prouveraient rien ; et l'on sait très-bien qu'ils ne sont pas superposés suivant l'ordre des poids spécifiques : la craie est moins dense que les calcaires et les grès tertiaires qui la recouvrent. Il ne doit avoir en vue que les seuls terrains primordiaux. Mais, comment reconnaître leurs densités respectives et leur ordre de superposition, puisqu'on ne sait même pas s'ils existent? — M. Contejean convient qu'ils nous sont inconnus, car voici comment il s'exprime dans son même traité (1) :

« Quelque douloureux que puisse être l'aveu pour un géologue, il faut bien convenir que nous nous trouvons dans l'impossibilité de désigner actuellement les terrains constitués par le refroidissement direct de la planète. »

A son cours de l'École de médecine de Paris, M. Wurtz nous contait plaisamment qu'un ancien professeur de chimie, M. Francœur, commençait ainsi ses leçons sur les métaux : — « Les métaux se divisent en trois classes : métaux solides, métaux liquides, métaux gazeux. Sont métaux solides, tous les métaux, excepté le mercure. Métaux liquides, le mercure. Métaux gazeux, il n'y en a point. » La classe des terrains primordiaux des géologues offre une grande affinité avec la classe des métaux gazeux de M. Francœur. Il faut convenir, à l'honneur de ce dernier, qu'il ne semble pas avoir jamais basé des argu-

____

(1) Contejean (Ch), *Éléments de Géologie et de Paléontologie*, Paris, 1874, page 400.

ments sur les propriétés des métaux de la troisième classe.

Le cinquième argument pour la fluidité primitive du globe est tiré de l'existence actuelle de la pyrosphère. Je passe à l'examen des arguments allégués en faveur de la liquidité actuelle de l'intérieur du globe.

Pyrosphère. — Le premier est celui-ci : — Le globe a été originellement liquide en totalité. Nous venons d'apprécier la valeur de ce premier argument.

Le second est relatif aux volcans. Pour que les volcans prouvassent le pyrosphère il faudrait démontrer que leur existence est liée à celle de la pyrosphère. Parmi les nombreuses théories émises sur la cause des volcans, aucune n'est solidement établie ; et la théorie d'après laquelle les volcans seraient des soupiraux ouverts sur une mer liquide occupant l'intérieur du globe, tend de plus en plus à être abandonnée.

Les volcans actifs, au nombre d'environ cent soixante, s'ouvrent tous sur les bords de la mer ou dans la mer elle-même, — à l'exception de quatre ou cinq qui, situés dans le centre de l'Asie, peuvent être approvisionnés d'eau par les bassins fermés de la région. Ce fait général devient absolument inexplicable si l'on veut voir dans la pyrosphère la cause des actions volcaniques. Comment les soupiraux ne s'ouvriraient-ils pas aussi bien loin des côtes ?

Si les volcans puisaient leurs laves dans un réservoir

commun, ils seraient solidaires; on les verrait s'allumer et s'éteindre presque en même temps, sinon sur tout le globe, au moins par larges groupes; — ceux dont les bouches sont basses verseraient des laves avant les autres, et continueraient encore à en verser après; — lorsque les volcans qui s'ouvrent à de grandes altitudes, comme ceux des Andes, seraient en éruption, des torrents de matières couleraient des volcans moins élevés. Certainement les volcans ne sont pas solidaires; — certainement leurs laves ne proviennent pas d'un réservoir commun. Les volcans ne prouvent pas l'existence de la pyrosphère.

Le troisième argument est basé sur la densité croissante des matières émises par les volcans durant les époques géologiques successives. Puisque les volcans ne sont pas les bouches d'un réservoir commun, cet argument est sans valeur. Je n'insiste donc pas pour montrer : — que nous ne savons presque rien des volcans des époques anciennes; — que le granite et plusieurs des roches considérées comme étant de nature éruptive, n'ont probablement pas eu cette origine; — qu'on peut croire que chacune de ces espèces de roches se forme encore actuellement par métamorphisme dans les profondeurs du sol; — qu'enfin, même en admettant leur origine éruptive et leur succession dans l'ordre indiqué, ces roches ne possèdent pas l'ordre annoncé des densités croissantes.

En règle générale, plus on pénètre profondément dans le sol, et plus la température s'élève. Il convient de remarquer que, soit par les travaux des mines, soit par les puits artésiens, l'industrie humaine n'est guère arrivée jusqu'ici qu'à la profondeur maximum d'un kilomètre, et que le plus grand nombre des observations porte sur des profondeurs notablement moindres.

L'accroissement de la température est extrêmement irrégulier. A Neuffen, dans le Wurtemberg, la température augmente d'un degré par chaque 10 mètres de profondeur. Dans les mines de l'Erz Gebirge, situées dans la même région que Neuffen, la température n'augmente que d'un degré par chaque 41 mètres de profondeur, c'est-à-dire pour des longueurs quadruples. Dans un puits artésien foré au Brésil, la température, loin de croître, diminue avec la profondeur. Il est rare que dans une même mine, ou dans un même puits, des accroissements égaux en profondeur correspondent à des accroissements égaux en température. Il est des mines où, passé un certain point, la chaleur paraît avoir tendance à rester stationnaire. On voit également la température s'accroître dans des galeries horizontales, et souvent avec une rapidité tout aussi grande que dans les forages verticaux.

En face d'irrégularités aussi considérables, on est naturellement amené à attribuer la chaleur de l'intérieur des terrains à des causes purement locales, telles que des actions chimiques, des pressions, des transformations du mouvement; — et cette idée est d'autant plus vraisemblable que les volcans eux-mêmes, où la chaleur se manifeste à un plus haut degré, sont dus à des actions locales, — et point à une action générale, comme la pyrosphère.

Si la pyrosphère était la source commune de la chaleur des terrains, la température serait répartie avec une certaine régularité dans les couches terrestres. A des profondeurs égales correspondraient des températures sensiblement égales, — au moins pour les forages pratiqués sur les mêmes degrés de latitude. Si l'on veut que la croûte soit plus épaisse aux pôles qu'à l'équateur, — à égalité de profondeur, la chaleur devrait être plus grande à l'équateur qu'aux pôles. Et partout, dans toutes les régions du globe, on devrait voir la température croître d'autant plus rapidement que la profondeur atteinte serait plus considérable.

Aucune de ces règles n'a été ni ne peut être constatée. Comment alors la chaleur des terrains démontrerait-elle l'existence de la pyrosphère?

Le cinquième argument est fondé sur les mouvements séculaires du sol, les plissements et les fractures des roches, phénomènes qu'on attribue à des révolutions de la pyrosphère. Cet argument ne serait une preuve de la pyrosphère que dans le cas où on ne pourrait pas concevoir les divers mouvements du sol en dehors d'une telle cause. Or, on conçoit très-bien qu'ils se produisent de plusieurs autres manières. Même, ils se produisent avec un ordre tel qu'on est forcé de les rapporter à une cause déterminée et très-différente. Pour plus amples éclaircissements sur cette question, je renvoie le lecteur aux chapitres III et IV du présent travail.

Le sixième et dernier argument fait appel aux flores et aux faunes caractéristiques de températures élevées, découvertes parmi les fossiles des régions à climats froids. Encore pour cette question, je renvoie à la lecture de mon VI⁰ chapitre.

Arguments contraires. — Plusieurs savants ont émis d'autres considérations, lesquelles tendent à prouver que la pyrosphère n'existe pas.

M. W. Hopkins a étudié quelles atténuations subiraient les phénomènes de la précession des équinoxes et de la nutation, dans le cas où la croûte terrestre n'aurait qu'une faible épaisseur. Il a supposé, dit M. E. Liais (1), que la croûte terrestre possédait une rigidité absolue. Il a dû supposer également, je crois, que la pyrosphère possédait une mobilité absolue. De ses calculs il résulte que la croûte terrestre devrait avoir une épaisseur d'au moins 643 kilomètres (2), c'est-à-dire supérieure à la dixième partie du rayon, pour que les phénomènes de précession et de nutation s'accomplissent avec l'ordre de grandeur observé. M. Liais estime que si dans ce calcul on pouvait introduire les pertes de forces transformées en

---

(1) *L'Espace céleste*, page 444.
(2) Lyell, *Principes de Géologie*, Paris, 1873, t. II, p. 261.

chaleur (1) et le degré réel de rigidité de la croûte (2), on trouverait que l'épaisseur de la croûte terrestre doit s'étendre jusqu'au centre du globe.

M. W. Thomson, de Glascow, a étudié l'influence de la rigidité du globe sur les grandeurs des marées. On comprend que, si la croûte terrestre se déformait autant que la surface des mers, et en même temps, par le fait des attractions lunaire et solaire, nous n'apercevrions plus les marées. Si la partie rigide du globe n'avait que la rigidité du fer ou de l'acier, elle se déformerait encore assez, suivant les calculs de M. Thomson, pour que l'ampleur des marées fût réduite de deux cinquièmes. Ainsi, durant les attractions qui produisent le flux et le reflux des mers, notre globe se déforme très-peu.

M. Liais fait le raisonnement suivant : — Le fer et l'acier sont plus rigides que les matériaux connus de la surface du globe ; — il faut que l'intérieur du globe soit plus rigide que la surface ; — « il est donc clair, dit-il (3), que la partie centrale du globe ne peut pas être liquide, cas où sa rigidité serait nulle, tandis qu'elle doit être plus grande que celle de son enveloppe. »

Les calculs de MM. Hopkins et Thomson sont très-instructifs, mais je ne pense pas qu'ils arrivent à prouver la solidité intérieure du globe. Je diffère d'avis

---

(1) *L'Espace céleste*, page 442.
(2) *L'Espace céleste,* page 444.
(3) *L'Espace céleste,* page 443.

avec M. Liais, et lui en demande pardon; car je professe une vive admiration pour son talent.

Entendons-nous sur la signification du mot rigidité. Si l'océan avait la consistance du miel, il ne serait pas rigide, — cependant il est douteux qu'il offrît des marées sensibles.

Une masse visqueuse obéit complétement à une force, même petite, qui agit pendant une longue durée. Elle cède mal à une force, même puissante, qui ne s'exerce que durant un temps très-court.

La rigidité du fer et de l'acier, dit M. Liais, « dépasse de beaucoup celle de tous les matériaux de l'écorce du globe. » Je le veux; mais je pense que le fer et l'acier, plus homogènes, plus élastiques que nos roches, obéiraient plus amplement qu'elles à des forces telles que celles qui produisent les marées. Un pont de fer et un pont de pierre se comportent d'une manière très-différente alors que dessus passe une voiture.

M. Liais dit encore : Si la partie centrale du globe était liquide, sa rigidité serait nulle. Il entend probablement exprimer ainsi que la mobilité de la pyrosphère serait absolue. La pyrosphère peut présenter un état visqueux, et résister très-efficacement aux forces qui tendraient à lui communiquer le mouvement des marées.

La solidité du globe, plus grande à l'intérieur qu'à l'extérieur, ne me paraît donc pas pouvoir être légitimement déduite du calcul de M. Thomson.

Le calcul de M. Hopkins repousse évidemment la pyrosphère à une profondeur assez grande pour qu'on ne puisse plus y placer la source des volcans ; — mais il ne la supprime pas. La perte de force et l'imperfection de la rigidité de la croûte, invoquées par M. Liais, ne compensent peut-être même pas ce qui serait produit par la viscosité de la pyrosphère.

Dans les calculs ci-dessus, on n'a pu faire entrer que des résistances nettement définies, telles que celles du fer et de l'acier, ou telles que la rigidité absolue et la mobilité absolue ; — on n'a pas pu introduire les résistances qu'offrirait un état pâteux ou visqueux parce qu'elles sont inconnues. Il est cependant nécessaire d'en tenir compte.

Je vois un bon argument contre l'existence du feu central dans le phénomène du refroidissement du globe — supposé primitivement liquide.

D'après les partisans de la pyrosphère, alors que la planète en fusion perdait de sa chaleur, les premières masses solidifiées flottèrent à sa surface comme flottent les glaçons sur une eau qui refroidit ; ce furent les premiers rudiments de la croûte terrestre ; ils prirent naissance aux pôles, grandirent, s'agglomérèrent, et finirent par recouvrir toute la surface de la sphère d'un radeau ininterrompu. On ne peut pas concevoir, en effet, que la croûte terrestre ait été formée autrement que par des roches qui flottaient comme des glaçons sur la masse liquide du globe. Ces roches donc devaient être plus légères que le liquide, puisqu'elles flottaient.

La glace surnage parce qu'elle est moins dense que

l'eau. Un morceau de fer jeté dans un bain de fer en fusion surnage, parce qu'il est moins dense que le liquide. Il en est de même du bismuth. Mais ce sont des exceptions. En règle générale, un corps à l'état solide offre une densité plus grande qu'à l'état de fusion. Toutes les roches appelées ignées sont notablement plus légères à l'état liquide qu'à l'état solide ; — on évalue la différence à un dixième ; — cette différence est considérable.

Les glaçons ne pouvaient pas se former à la surface de la sphère liquide. Cette masse, se refroidissant, devait commencer à être solide par le centre, et la surface a dû être consolidée postérieurement à toutes les autres couches. On peut admettre que des lacs de liquides lourds sont restés épars çà et là dans la masse ; — on ne peut pas admettre la pyrosphère, ni la croûte surnageante.

Si la planète avait été primitivement liquide, elle se serait solidifiée comme je viens de le dire, — mais je suis loin d'affirmer qu'elle ait été primitivement liquide. M. Liais (1) fournit une bonne raison contre la liquidité originelle du globe. « Comment, dit-il, dans l'hypothèse en question, verrions-nous à la surface terrestre des matières aussi denses que le fer, et surtout l'or et le platine ? N'auraient-elles pas dû se trouver toutes primitivement dans le voisinage du

______

(1) *L'Espace céleste,* page 445.

centre, et comment auraient-elles pu atteindre postérieurement la superficie ? »

En somme, les deux propositions relatives : l'une à
la fusion originelle du globe, l'autre à l'existence de
la pyrosphère, — ne sont pas démontrées ; même, étudiées de près, elles paraissent, surtout la seconde,
improbables dans une large mesure.

Autre conception. — Je vais dire mon opinion sur
l'état de l'intérieur du globe.

Les pressions que subissent les couches profondes
de la terre sont énormes. Dès la profondeur d'un kilomètre, la pression peut être évaluée à 200 atmosphères. Dès la profondeur de quelques kilomètres,
les pressions dépassent tout ce que nous pouvons ex-
périmenter dans nos laboratoires.

On sait qu'à l'aide de fortes pressions on fait couler les métaux et beaucoup d'autres corps ; ils coulent
comme une pâte. Ici, et dans bien d'autres cas, la
pression équivaut à de la chaleur.

Il est vraisemblable qu'un bon nombre des corps
renfermés dans le globe sont à l'état plastique, peuvent couler et se déplacer à la manière des substances visqueuses. Certaines roches bien connues : les
granites, les porphyres, les basaltes, etc., et aussi les
couches plissées des dépôts sédimentaires anciens,
paraissent avoir subi l'état plastique et confirment
cette vue.

On peut également croire que les cailloux, les fragments de roches diverses, qui présentent les déformations nommées empreintes géologiques, ont été réduits par les pressions à l'état plastique. Je n'ignore pas que M. Daubrée, arrosant d'eau acidulée des sphères calcaires amassées, a pu produire des empreintes de même nature ; je sais que quelques géologues, parmi lesquels M. Contejean (1), voudraient trouver dans cette expérience la raison de toutes les empreintes géologiques de toutes les espèces de roches ; — mais je ne puis pas me figurer qu'on veuille sérieusement expliquer ainsi les impressions des cailloux qui ne sont pas attaquables par les acides. Les empreintes géologiques m'induisent à penser que presque toutes les roches, sinon toutes, peuvent être amenées à l'état pâteux.

M. Liais estime que les puissantes pressions de l'intérieur du globe réduisent les corps au volume minimum, et que, dans cet état, ils sont absolument rigides. Je ne nie pas que ceci puisse se produire pour un certain nombre de matières, mais je n'en vois aucune preuve.

Ainsi, les couches extérieures du globe seraient les plus solides, les plus rigides. A une profondeur de quelques kilomètres, des roches pâteuses se glisseraient déjà parmi les roches plus résistantes à la pression. Plus bas, les roches demeurées solides seraient rares et englobées dans une gangue plastique.

Les pâtes les plus lourdes seraient naturellement

---

(1). *Éléments de Géologie*, Paris, 1874, page 430.

chassées de préférence vers le centre de la sphère. De cette manière s'explique la densité des couches qui va croissant de l'extérieur à l'intérieur. De cette manière encore, malgré le déplacement continu de l'axe terrestre, on comprend qu'à profondeur égale, les couches situées proche de l'équateur soient moins lourdes que les couches situées proche des pôles.

La plasticité de l'intérieur du globe s'accorde avec la déformation particulière de l'ellipsoïde terrestre, — et avec le phénomène que j'appelle le retard des terrains, phénomène qui se produit durant les mouvements séculaires. Elle aide à comprendre les actions chimiques et le développement de la chaleur dans les profondeurs du sol.

Enfin, pour expliquer cette règle de la distribution des antipodes qui veut qu'en certaines régions de la terre, les saillies correspondent à des creux, et réciproquement, — je me vois forcé d'admettre que les couches superficielles du globe sont plus rigides que les couches profondes. Si la portion solide de la planète était plus rigide à l'intérieur qu'à l'extérieur, si seulement le globe était également rigide dans toute son épaisseur, — la formation des creux aux antipodes des saillies serait absolument incompréhensible.

NOTE C.

CALCUL RELATIF AUX ANTIPODES.

(*Page 30.*)

Les personnes qui ne sont pas initiées aux mathématiques, ne se figurent pas facilement qu'on puisse calculer avec exactitude ce que le *hasard* placerait de terres aux antipodes les unes des autres, s'il était chargé de répartir les continents et les mers à la surface du globe. Je crois donc que l'exposé de ce calcul ne sera pas inutile.

La Géographie de M. Balbi donne les chiffres suivants :

Surface totale du globe = 509,950,820 kil. carrés,
Surface des mers. . . = 380,210,698 kil. carrés,
Surface des terres. . . = 129,740,122 kil. carrés.

On peut s'étonner que M. Balbi ait trouvé des chiffres aussi précis pour les mers et les terres, alors qu'on ignore comment les régions polaires sont composées. J'arrondirai les chiffres pour simplifier les calculs.

Prenons un globe terrestre colorié, servant aux démonstrations géographiques, — divisons le papier qui en forme la surface en petits carrés représentant chacun un kilomètre carré de notre planète. Nous aurons ainsi, je suppose, 380 millions de morceaux verts représentant la mer, et 130 millions de morceaux jaunes représentant les terres.

Mêlons tous ces morceaux.

Puis tirons-les au hasard, avec cette convention qu'à chaque fois que la main plongera dans l'urne elle y prendra deux morceaux de papier, et que ces deux morceaux seront replacés sur le globe exactement aux antipodes l'un de l'autre.

Cette opération terminée, on aura réparti les terres et les mers *au hasard* sur la surface du globe.

On demande quelle sera la quantité de terres ayant des terres aux antipodes. Ceci équivaut à demander combien de fois on aura tiré de l'urne deux fragments jaunes.

Appelons : a, le nombre de morceaux jaunes,

b, le nombre de morceaux verts.

La probabilité de tirer de l'urne deux morceaux jaunes, pour la première fois qu'on y plonge la main, est représentée par la fraction :

$$\frac{a\,(a-1)}{(a+b)\,(a+b-1)}$$

Une probabilité, en effet, est toujours une fraction dont le numérateur représente le total des chances favorables, et le dénominateur le total des chances quelconques.

Ou, si l'on veut qu'il s'agisse d'une probabilité composée :

$$Probabilité = \frac{a}{a+b} \times \frac{a-1}{a+b-1}$$

Ce qui est la même chose.

Ici, la première fraction indique la probabilité de tirer un premier morceau jaune ; et la seconde, un second morceau.

Remplaçant les lettres par les nombres qu'elles représentent, on obtient la fraction :

$$\frac{1677}{25959}$$

La chance de prendre deux morceaux jaunes au second, ou au centième, ou au cent millionième tirage, demeure la même qu'au premier, car nous supposons que le mélange des fragments de papier a été bien fait.

Puisque l'urne contient 510 millions de morceaux, on a dû y plonger la main 255 millions de fois. Multipliant la fraction ci-dessus par ce chiffre, on obtient le nombre de fois qu'on a tiré de l'urne deux morceaux jaunes.

Ce nombre est : 16,473,477.

Ainsi, on a appliqué sur chaque hémisphère 16,473,477 fragments jaunes ayant des fragments jaunes aux antipodes.

D'après M. Grégoire, la surface de la péninsule ibérique est de 589,000 kilomètres carrés. Elle est comprise plus de 27 fois et demie, presque 28 fois dans la surface calculée.

Il ne faut pas croire qu'en répétant un nombre de
fois quelconque l'opération du tirage de l'urne, on ob-
tiendrait des résultats sensiblement divers. Le hasard
donnerait donc bien le résultat calculé.

NOTE D.

CENTRE DE FIGURE ET CENTRE DE GRAVITÉ DU GLOBE.

(Page 31.)

Supposons que le plan du grand cercle qui sépare le globe en hémisphère aqueux et hémisphère terrestre, — passe par le centre de figure du globe. Le centre de gravité devra se trouver sur le diamètre perpendiculaire au plan du grand cercle, ou proche de cette perpendiculaire. Sera-t-il placé du côté de l'hémisphère aqueux, ou du côté de l'hémisphère terrestre?

Qu'il se trouvât du côté de l'hémisphère aqueux, cela me paraissait évident. Cependant, ayant exposé ma pensée dans une réunion de mathématiciens éminents, ma pensée fut combattue : on affirma que le centre de gravité devait être placé du côté de l'hémisphère terrestre. Je vais démontrer que ma manière de comprendre est la vraie.

Supposons le globe sans eau, et supposons qu'on vienne à verser de l'eau à sa surface ; — où l'eau ira-t-elle se réunir en océan? L'eau coulera suivant le sens de la pente. Le point le plus bas de la surface terrestre est celui qui est le plus proche du centre de gravité. Le point le plus haut est celui qui en est le plus éloigné. Le diamètre terrestre qui passe à la fois par le centre de figure et par le centre de gravité — rencontre la surface de la terre au point le plus haut et au point le plus bas de la pente. L'eau tendra donc à se réunir en océan à l'extrémité du diamètre qui est du côté du centre de gravité. Elle couvrira ce côté du globe avant de s'étendre de l'autre côté.

Quand les trois quarts de la surface terrestre seront couverts d'eau, le centre de figure du globe se sera déplacé dans la direction du centre de gravité, sans l'atteindre. Le centre de gravité se sera également un peu écarté dans le même sens. Si l'eau était versée en quantité suffisante pour couvrir tout le globe, les deux centres coïncideraient. Mais en aucun cas le centre de figure ne pourrait se transporter au delà du centre de gravité. Ainsi, le centre de gravité de notre planète se trouve du côté de l'hémisphère aqueux.

Le mouvement de rotation attire les océans à l'équateur. S'il venait à cesser, le plan du grand cercle qui divise la terre en hémisphère aqueux et hémisphère terrestre tendrait à former un angle moins grand avec le plan de l'équateur. Ceci montrerait que le centre de gravité du globe ne se trouve pas exactement sur le rayon terrestre qui aboutit au sud de la Nouvelle-Zélande, — mais sur un rayon un peu plus rapproché du pôle sud. Cependant, nos connaissances géographiques ne vont pas assez loin pour qu'on puisse dire quels espaces se découvriraient et quelles terres seraient submergées si le globe cessait de tourner, ni, par conséquent, où serait alors le grand cercle de séparation des hémisphères aqueux et terrestre. La composition irrégulière de l'intérieur du globe s'opposerait encore à ce qu'on pût préciser ainsi la situation du centre de gravité.

Pour les raisons dites plus haut, la distance qui sépare le centre de figure du centre de gravité, est probablement assez inférieure à la distance entre le niveau marin et les points les plus élevés des continents.

On aurait encore une preuve du défaut de coïncidence du centre de gravité du globe avec son centre de figure, si on arrivait à constater que les pressions barométriques sont plus fortes sur l'hémisphère aqueux que sur l'hémisphère continental.

NOTE E.

SECOND CALCUL RELATIF AUX ANTIPODES.

(Page 31.)

Le second problème relatif à la surface des antipodes est celui-ci :

L'un des hémisphères contient $\frac{3}{7}$ de terres, l'autre hémisphère $\frac{1}{12}$ seulement ; — le hasard distribuant les terres de chaque hémisphère, quelle sera dans chacun la surface des terres ayant pour antipodes des terres ?

Prenons deux urnes, une pour chaque hémisphère.

Dans la première nous avons mis un nombre a de morceaux jaunes, et un nombre b de morceaux verts ; — dans la seconde, un nombre a' de morceaux jaunes, et un nombre b' de morceaux verts.

Le tirage devra se faire en plongeant une main dans chaque urne, et en extrayant un seul morceau de papier avec chaque main. Les deux morceaux extraits à chaque tirage seront appliqués sur le globe aux antipodes l'un de l'autre, chacun retournant dans l'hémisphère auquel il appartient.

La probabilité de tirer un morceau jaune de la première urne est représentée par la fraction :

$$\frac{a}{a + b}$$

La probabilité pour la seconde urne est représentée par :

$$\frac{a'}{a' + b'}$$

Multipliant ces fractions l'une par l'autre, nous obtiendrons la probabilité de tirer d'un coup deux morceaux jaunes.

Le reste va de soi. La surface antipodale terrestre sera, dans chaque hémisphère, sensiblement égale à neuf fois la surface de la péninsule ibérique.

NOTE F.

EXPLICATIONS AU SUJET DE DEUX MOTS.

(*Page 120.*)

J'avoue que le mot *exceptionnel* me paraît impropre. Il s'agit de dénivellations qui obéissent à des règles déterminées, bien qu'elles se produisent dans des régions où le mouvement général est de sens contraire. Elles ne sont pas, à proprement parler, des exceptions.

J'aurais pu dire : mouvements de sens *étranger*. Mais ce mot frappe moins l'esprit et laisse encore subsister l'idée d'exception. J'ai préféré me servir du terme *exceptionnel* et écrire cette note.

Que l'on me permette une seconde remarque de même genre.

J'ai employé le mot *émergence* pour indiquer l'état d'un lieu terrestre qui s'élève relativement au niveau de la mer. Le mot *émergence*, je ne l'ignore pas, n'a jamais été employé dans cette acception. On s'en sert dans les traités de physique, de cristallographie, pour marquer la situation d'un rayon lumineux ou calorifique qui vient de traverser un prisme, un cristal, une couche liquide ; on dit : le point d'*émergence*, le rayon *émergent*.

Émergement est plus long et plus lourd qu'*émergence*. Il peut donner prise aux mêmes critiques.

Cependant l'étymologie est *emergere* : sortir de la mer.

Il serait bizarre qu'on pût dire d'un rayon lumineux à sa sortie d'un prisme qu'il *sort de la mer;* — et qu'on ne pût pas dire d'une terre : elle est en voie d'*émergence,* alors que réellement elle sort de la mer.

NOTE G.

L'amplitude de la déformation subie par la masse solide du globe durant les déplacements de l'axe peut être évaluée à l'aide de considérations relatives : — aux niveaux où l'on trouve les divers terrains de sédiments d'origine marine aux diverses latitudes, — aux hauteurs des édifices de coraux, — aux profondeurs des fjords, — etc.

Avec des données abondantes, j'aurais pu traiter directement cette question, et même en tirer une preuve de plus en faveur du déplacement polaire. Mais les documents sont assez rares et demandent à être discutés. Il y a avantage à n'aborder cette étude qu'après avoir étudié, autant que le permet l'état actuel de la science, deux autres questions importantes, lesquelles se rapportent également aux mouvements séculaires.

La première question peut être intitulée : *Déformations inégales des divers terrains.* L'inclinaison des terrasses de l'Altenfjord, — l'inclinaison en sens inverse, et de même signification, des terrasses du

Glen Roy, sont de bons exemples de ces inégalités. La formation des lacs et leur comblement, — l'accumulation et le ravinement du lœss, — l'importance acquise par les sommités des Alpes, durant la dernière période glaciaire, d'où l'augmentation des pentes, — et divers autres faits que je crois inutile d'énumérer ici, — amènent à des règles générales sur les différences des mouvements propres aux principaux terrains.

La deuxième question, proche parente de la première, est relative aux fractures qui se produisent dans les terrains par le fait du déplacement polaire. Cette question est très-vaste. Elle nécessite l'examen de ce qu'on sait des failles, des filons, des eaux thermales, des tremblements de terre, des volcans, des chaînes de montagnes, de l'orientation des pentes. Il faut y faire entrer encore les plissements des terrains et la formation des terrasses parallèles.

Les hauteurs où l'on trouve les couches à fossiles dépendent, souvent dans une large mesure, des déformations inégales des terrains et des accidents produits par les fractures des lits rocheux, — surtout s'il s'agit de couches datant d'époques géologiques anciennes.

La présente publication n'a qu'un but : démontrer que le pôle voyage à la surface du globe. Les questions ci-dessus ne peuvent pas servir à cette démonstration. Elles serviront, pour une part, à l'étude de la trajectoire polaire.

Les seules personnes qui prêteraient attention à ce

que j'ai à dire de la trajectoire polaire, seraient celles
que j'aurais convaincues de la vérité du déplacement
du pôle. Je sais à quels obstacles, à quelle masse d'o-
pinions reçues je vais me heurter ; je ne puis pas
prétendre à convertir du premier coup une portion
notable des hommes de science. Quand Harvey pro-
duisit ses preuves de la circulation du sang, il ne
réussit à convaincre aucun médecin âgé de plus de
quarante ans. Ses preuves étaient bonnes. Je doute
que les miennes soient meilleures. Les arguments
d'Harvey furent discutés ; — s'occupera-t-on des
miens ? — Avant de traiter de la trajectoire polaire,
je dois attendre.

NOTE II.

SIGNES D'ACTIONS GLACIAIRES.

(Page 146.)

Je crois pouvoir ajouter à la liste des signes d'actions glaciaires anciennes, au moins un signe nouveau, peut-être deux.

Lémenc. — Le roc de Lémenc, qui porte de beaux exemples du premier des signes dont je veux parler, — est situé au nord de Chambéry, et très-proche de la ville, puisqu'un faubourg est bâti sur l'une de ses pentes. Sa forme générale est celle d'une énorme roche moutonnée : la rondeur supérieure s'abaisse en versants adoucis vers l'est et le sud ; les autres côtés sont bordés de précipices, le point nord-est principalement. La croupe s'élève à partir de Chambéry, sa longueur totale est d'environ 3 kilomètres ; la plus grande élévation est proche de l'extrémité nord. J'estime que la hauteur maximum au-dessus de la plaine peut équivaloir à 200 mètres.

Le dessus du roc est complétement à nu sur de vastes surfaces, peut-être sur un quart de la surface totale, — et très-pauvre en végétation sur un autre quart. Le roc est un calcaire dur, difficile à tailler, mais qui résiste assez mal à l'eau et aux gelées.

Je n'y ai point vu de stries glaciaires. M. Louis Pillet, de Chambéry, géologue bien connu et chercheur infatigable, m'a dit que des stries existaient en un lieu où l'on cultive la vigne ; elles sont aujourd'hui recouvertes de terre.

Il est possible que les glaces aient donné le premier poli à un endroit situé sur le bord du chemin de Saint-Louis-du-Mont, appelé « les Glisses de Marbre », endroit fréquenté par les enfants, lesquels se plaisent à se laisser glisser après s'être assis au haut de la pente ; mais il est également possible que ce seul exercice, pratiqué depuis un temps immémorial par les générations successives, ait fourni tout le polissage.

Çà et là, des lambeaux de moraines se reconnaissent à leurs cailloux arrondis, de nature diverse, distincts des roches qui composent le bassin de Chambéry. On voit également de beaux blocs erratiques, généralement isolés, dont quelques-uns perchés sur la crête. Ils proviennent, tous, je crois, de montagnes situées au delà de l'Isère.

Un peu avant les Glisses de Marbre, un sentier part du chemin de Saint-Louis-du-Mont, et remonte la pente à l'aide de plusieurs zigzags. A gauche de ce sentier, à peu de distance du deuxième lacet, j'ai trouvé six cuves, remarquablement circulaires, mais peu profondes, étagées à quelques mètres l'une de l'autre, à peu près suivant la ligne de plus grande pente. Les plus belles sont la troisième et la sixième. Leur fond est incliné dans le sens de la pente du roc, vers le sud-est. Les fonds des cuves sont creusés et polis vers la circonférence beaucoup plus qu'au centre, lequel forme une saillie rugueuse.

Les terrains morainiques des collines de Saint-Ombre, situées à l'ouest du roc de Lémenc, au bas des escarpements, sont encore une preuve de l'ancienne présence d'un grand glacier.

Ces divers signes, à eux tous, frappent moins la vue que le seul signe auquel personne n'a fait attention. Partout où le roc est nu, il est troué de longues lignes de crevasses. Ces crevasses ne sont pas nettes comme celles des glaciers ; leurs bords sont dentelés ; souvent elles sont pleines de débris ; parfois la ligne est interrompue, mais elle est sensiblement droite, ou appartient à une circonférence de très-grand rayon, et peut généralement être suivie sur une longueur de plus de 100 mètres. Certaines crevasses sont larges en moyenne de plus d'un mètre, et profondes de 2 ou 3 mètres là où elles ne sont pas encombrées de graviers et de terre. Leurs faces intérieures sont le plus souvent couvertes d'aspérités. Les petites crevasses s'élargissent en bassins, et se resserrent de manière à permettre à peine d'y passer la main. Grandes ou petites, elles sont toujours distribuées par séries parallèles. Les séries se coupent sous tous les angles possibles, depuis les angles les plus faibles jusqu'à l'angle droit. Quand les séries se rencontrent sous de grands angles, les crevasses ne s'élargissent presque jamais aux points d'intersection. Elles sont souvent élargies à ces points si l'intersection se fait sous de petits angles. Il est extrêmement rare que les crevasses suivent la ligne de plus grande pente. Sur le dos du roc, les crevasses sont presque toutes longitudinales ou transversales.

Les irrégularités des crevasses, les complications des lignes qui s'entre-coupent, sont la cause qu'on n'avait pas remarqué ces tracés de séries de lignes droites parallèles. Des personnes niaient, croyant bien connaître le roc de Lémenc ; elles pensaient qu'il n'y avait que des trous multipliés, irréguliers, et distribués d'une manière quelconque. J'y suis retourné avec elles ; dès le premier instant elles ont reconnu leur erreur, et ont été étonnées de n'avoir jamais aperçu une disposition si frappante.

Les crevasses les plus nombreuses et les plus nettes sont proche du bord occidental, vers le milieu de la longueur du roc, au voisinage d'une croix récemment établie, depuis laquelle le regard plonge directement sur l'école de Côte-Rousse. Elles sont tellement serrées qu'il est très-difficile d'y marcher.

Comment ces crevasses ont-elles été creusées?

Elles ne sont pas dues à l'écoulement des eaux de la pluie ou de la fonte des neiges. Jamais cette action ne donnerait des sillons rectilignes, disposés par séries parallèles — qui s'entre-coupent et suivent des directions différentes de la ligne de plus grande pente. L'eau n'aurait pu creuser qu'à la condition de charrier du sable ou de tenir de l'acide carbonique en dissolution. Supposons que l'eau de la pluie ait constamment entraîné du sable ou de l'acide carbonique, ou qu'elle ait pu creuser en dehors de ces conditions : — elle aurait creusé de petites vallées, avec des vallées plus petites en forme d'affluents, et chacune de ces vallées aurait suivi sensiblement la ligne de plus grande pente.

Elles sont dues à l'eau qui s'engouffrait dans les crevasses d'un grand glacier, entraînant du sable et des pierres.

Les crevasses de la croupe du roc correspondent aux crevasses longitudinales et transversales que déterminent dans les glaciers les saillies du fond de leur lit.

Les crevasses des flancs du roc correspondent principalement à des crevasses marginales du glacier, formées alors que la glace avait moins de hauteur.

Elles n'ont pas toutes été creusées en même temps. Je pense que les séries à angles différents répondent à des épaisseurs différentes du glacier. J'ai vu, en effet, un petit canal évidemment creusé par l'eau courante, par l'eau chargée de sable, qui débordait d'une crevasse et se jetait dans quelque crevasse inférieure; — son lit est de forme demi-cylindrique, large d'environ un décimètre, à parois polies, un peu flexueux, dirigé suivant la plus grande pente; — sur son trajet, il est coupé par une petite crevasse, coupé nettement, et demeure aussi large au-dessous qu'au-dessus de la coupure. Visiblement, cette dernière crevasse a été pratiquée postérieurement au canal, et postérieurement aussi aux crevasses que le canal mettait en communication. Ce canal curieux se trouve vers le bas et sur la droite du vallon qui servait anciennement de tir à la cible.

Les cuves, on le sait, sont creusées par les cascades qui tombent dans les moulins des glaciers.

Agassiz dit que le fond du moulin peut se déplacer en même temps que son ouverture, qu'alors les cuves successives tracent sur le roc une ligne de circonférences, lesquelles empiètent l'une sur l'autre et figurent un fossé. On n'attribuera pas à ce procédé la formation des lignes que j'ai décrites; ceci pour quatre raisons.

1° Les sillons dessinés par les cuves qui se déplacent doivent avoir des parois faites de fragments de cylindres; ces parois doivent être polies comme celles des cuves; les sillons ne peuvent pas être rectilignes ni parallèles par séries. Leur aspect suffirait à les faire distinguer des crevasses du roc de Lémenc.

2° Les moulins s'établissent seulement en des points très-spéciaux des glaciers. Il n'y a pas de moulins là où les crevasses sont béantes. Quand l'eau provenue de la fonte superficielle du glacier ne rencontre qu'une fissure étroite, elle s'y glisse, fond les parois, s'arrondit un canal comparable à un puits, où tout le ruisseau se précipite. Voilà, d'après M. Tyndall (1), comment se forment les moulins. Le glacier qui passait sur le roc de Lémenc venait de l'est ou du sud-est; en amont du roc sa pente diminuait, ses crevasses se fermaient, les moulins pouvaient prendre naissance. A partir de la croupe du roc les crevasses se rouvraient très-larges ; aucun moulin ne pouvait creuser des cuves ni sur le sommet ni sur la pente occidentale. Ainsi, les moulins n'expliqueraient tout au plus que les crevasses de l'est, — et celles-ci sont absolument pareilles aux autres.

3° Je n'ai pu voir sur le roc de Lémenc, ni ailleurs, aucun état intermédiaire entre les cuves et les crevasses.

4° Les moulins sont rares sur les petits glaciers actuels des Alpes. Ils devaient être au moins aussi rares sur les grands glaciers anciens, parce qu'une grande épaisseur de glace se ressent moins des inégalités du fond qu'une épaisseur faible. Les sillons et les cuves de Lémenc se rapportent assez bien, par le nombre, à la proportion de crevasses et de moulins que pouvait offrir l'ancien glacier.

Enfin, malgré la grande autorité du nom d'Agassiz, je me prends à douter que réellement on puisse trouver des lignes de cuves empiétantes :

Parce que les cuves de Lémenc sont parfaitement circulaires :

Parce qu'il me semble que le fond du glacier,

---

(1) *Les Glaciers*, Paris, 1876, page 113.

pressé contre la pente, ne peut pas la remonter en glissant et demeure immobile ;

Parce que je ne comprends pas que le mouvement giratoire des pierres et des sables puisse s'établir ailleurs que dans une cavité rocheuse close ; — une série de cuves égueulées n'offre pas la cavité convenable ; la glace ne suffirait pas à clore les cuves l'une après l'autre, car elle fond ; elle fond, puisque le ruisseau continue à tomber en cascade ; si elle ne fondait pas le puits se remplirait d'eau et la cascade ne tomberait plus.

Les lignes de crevasses étant dues à l'action glaciaire, — on doit trouver ces lignes sur un grand nombre au moins de mamelons calcaires qui font saillie, comme le roc de Lémenc, dans le bas des vallées anciennement parcourues par les glaciers ; — en outre, et ce point surtout est important, on ne doit pas en trouver au-dessus des limites atteintes par les glaces.

Je n'ai pas eu le temps de faire beaucoup de vérifications. Cependant j'ai visité diverses roches calcaires du bassin de Chambéry : la colline de Challes, la colline du Petit-Barberaz, la Roche-du-Roi. Les crevasses à séries parallèles y sont marquées sur toutes les portions dénudées ; moins visibles peut-être qu'à Lémenc, parce que le roc est moins nu ; mais assurément très-visibles. J'ai visité les sommets du Nivolet, du Margéria, du Granier ; il y a des trous dans le roc, plus larges, plus profonds et plus rares que ceux de Lémenc; ils sont parfois disposés suivant des lignes, mais ces lignes ne sont ni droites ni longues; elles se dirigent dans le sens de la plus grande pente ou suivent les affleurements des couches du calcaire; elles ne forment pas de séries, et je ne les ai jamais vues se couper entre elles. La neige et la glace se sont accumulées sur ces sommets en épaisseurs probablement considérables, mais il n'y avait pas de glaciers véritables, et la glace ne possédait ni les pierres dures ni les sables qui usent.

La grotte de la Doria. — Pendant l'été de l'année 1875, j'allai, avec M. Francis Molard, de la Société savoisienne d'histoire et d'archéologie, m'installer dans la grotte de la Doria, afin d'y pratiquer des fouilles. Diverses personnes vinrent nous aider et demeurèrent quelque temps avec nous. Cette grotte est située dans la montagne de Nivolet, proche de sa jonction avec la montagne de Saint-Jean-d'Arvey, à 800 mètres environ au-dessus de Chambéry. Son ouverture regarde directement le sud; elle s'ouvre au sommet d'un talus à pente très-rapide. Elle est percée dans un calcaire fortement siliceux, un peu jaunâtre, dur, mais facile à briser; — il fait partie du néocomien moyen.

La grotte est très-large et très-longue. Elle est large de près de 20 mètres jusqu'à une certaine profondeur, et haute d'une dizaine de mètres; puis la voûte s'abaisse et tend à toucher le sol. On peut avancer jusqu'à une distance d'environ 120 mètres,

à la condition de ramper vers la fin. Le sol forme **deux**
pentes dont les sommets se rencontrent en une crête
mal dessinée, à 15 ou 20 mètres de l'entrée ; — de ce
point, une pente rapide descend vers l'ouverture, une
pente très-douce s'étend vers l'intérieur. On a vu
l'eau s'accumuler sur la pente intérieure et figurer un
lac.

Le torrent de la Doria sort d'une autre grotte, à
ouverture étroite et inaccessible, située à 300 ou
400 mètres de la première, plus bas et à l'est, dans
la direction où plongent les couches du calcaire. Il
m'a semblé que la grotte du torrent s'ouvre dans la
couche immédiatement inférieure à celle de la grande
grotte. On ne doutera pas que le torrent ait traversé
la grotte supérieure ; il l'a abandonnée quand le chemin inférieur est devenu assez large. Il l'a abandonnée depuis un temps considérable, car la forme des
vastes talus du sommet de la vallée est uniquement
déterminée par le cours actuel du torrent. Le talus par
lequel on monte à la grotte supérieure n'est pas ex-
cavé, et ne porte aucunement la trace d'un cours
d'eau.

Les matériaux du sol de la grotte ont été déposés
après que le torrent eut trouvé son autre passage. Ce
sol est très-épais : proche de l'ouverture et proche du
fond nous avons fait creuser jusqu'à la profondeur de
6 mètres sans rencontrer le plancher de roc ni des
cailloux roulés, ni rien qui indiquât leur proximité.
Au fond de la grotte nos ouvriers ont pu creuser un
véritable puits. Le terrain, très-argileux, avait une

tenue suffisante. Les couches d'argile y alternent avec les couches de sable; mais les couches ne sont pas nettement séparées : le sable et l'argile se mêlent en proportions diverses. A toutes les profondeurs sont des éclats de la roche du plafond et des fragments de stalactites. Ce terrain s'est accumulé comme il s'accumule encore aujourd'hui.

En creusant proche de l'entrée, on traverse une couche d'humus épaisse d'un mètre environ, pleine de pierres tombées du plafond, et dont l'épaisseur diminue rapidement à mesure qu'on pénètre dans la grotte. Puis on rencontre un terrain d'une nature très-spéciale et que je crois d'origine glaciaire.

Ce terrain, que nous appelions le *caillou pur,* est uniquement formé de débris rocheux, tranchants, semblables à des éclats, tous de même nature que la voûte de la grotte, de même aspect que la roche fraîchement cassée, sans aucun mélange d'autres roches, ni de terre, ni de stalactites. Nous ignorons son épaisseur, nous n'avons pas pu le traverser entièrement. Quelques-uns des fragments ont plus d'un mètre cube. Il présente une vague apparence de stratification; après une couche de gros cailloux, on trouve une couche de cailloux plus menus, puis une couche de cailloux petits comme des graviers, et de nouveau des fragments plus gros. Les couches plongent vers le dehors; mais les plus profondes paraissent moins inclinées que la surface du sol. Le danger des éboulements nous contraignit à élargir le trou en forme d'entonnoir très-évasé. Cinq ouvriers en moyenne y travaillèrent pendant quatorze jours avant de parvenir à la profondeur de 6 mètres.

Le caillou pur ne nous a fourni que de très-rares ossements, dont les plus petits seuls étaient parfois complets. Je les ai portés, ainsi que d'autres, à M. Paul Gervais, membre de l'Institut, qui a eu l'obligeance de les examiner. Ceux du caillou pur qu'il a pu déterminer, se rapportent à deux variétés de lagopède et à la marmotte.

Ce terrain s'est formé aux dépens du plafond de la grotte; et il s'est formé à une époque où le sol, près de l'ouverture, n'avait aucune végétation. Ces deux points sont certains.

Je crois qu'il s'est formé pendant la dernière période glaciaire, parce qu'alors le gel et le dégel devaient puissamment dégrader la voûte près de l'entrée; et que l'absence de végétation indique naturellement cette époque.

On s'explique les indices de stratification si l'on admet que le sol, à l'entrée de la grotte, présentait une couche de neige et de glace, sur laquelle tombaient les débris du plafond. On sait que, sous l'influence des rayons du soleil, les petites pierres se creusent des trous dans les glaciers, que les grosses, au contraire, protégent la glace sous-jacente et n'enfoncent pas. La couche glacée a dû varier souvent en épaisseur, soit par les différences de température des saisons, soit parce que les vents qui amassaient la neige étaient rares ou fréquents.

Dans le fond de la grotte, où les variations de température ne se font pas sentir, il n'y a pas de caillou pur. C'est une vérification. Les travaux exécutés de 25 à 40 mètres de l'entrée n'ont montré que des couches argilo-sableuses où les cailloux abondent.

Il est très-possible qu'à la Doria on trouve deux lits pierreux distincts, indiquant chacun une période glaciaire différente.

Si le caillou pur est réellement un signe de l'action glaciaire, il servira, à la grotte de la Doria et dans les grottes où on pourra le rencontrer, à séparer, à dater les couches pré-glaciaires et les couches post-glaciaires.

En creusant le puits du fond nous avons découvert quelques ossements humains : un cubitus gauche remarquablement petit, un tibia dont l'apparence est celle des ossements du lœss, deux fragments de côtes. Si nous avions pu dépasser en profondeur le caillou pur, et creuser une tranchée allant jusqu'au puits du fond, nous aurions pu, en suivant les lignes des couches, connaître si ces os sont antérieurs ou postérieurs à la dernière période glaciaire. J'estime qu'un tel travail nécessiterait le déplacement d'au moins 5,000 mètres cubes de matériaux, et ni mes finances personnelles ni les ressources propres à la Société savoisienne d'histoire et d'archéologie, ne permettent présentement de l'entreprendre.

La grotte de la Doria me paraît extrêmement importante, — moins parce qu'elle doit renfermer un

grand nombre d'antiquités précieuses, que parce que
l'épaisseur de ses couches peut donner la mesure
des temps écoulés. Je la signale aux explorateurs, et
m'offre à m'associer aux recherches véritablement
scientifiques qu'on y voudrait faire.

⁓⟡⁓

TABLE DES MATIÈRES

NOTES

FIN.

Paris.-Imp. PAUL DUPONT, 41, rue Jean-Jacques-Rousseau. 3742.11.76

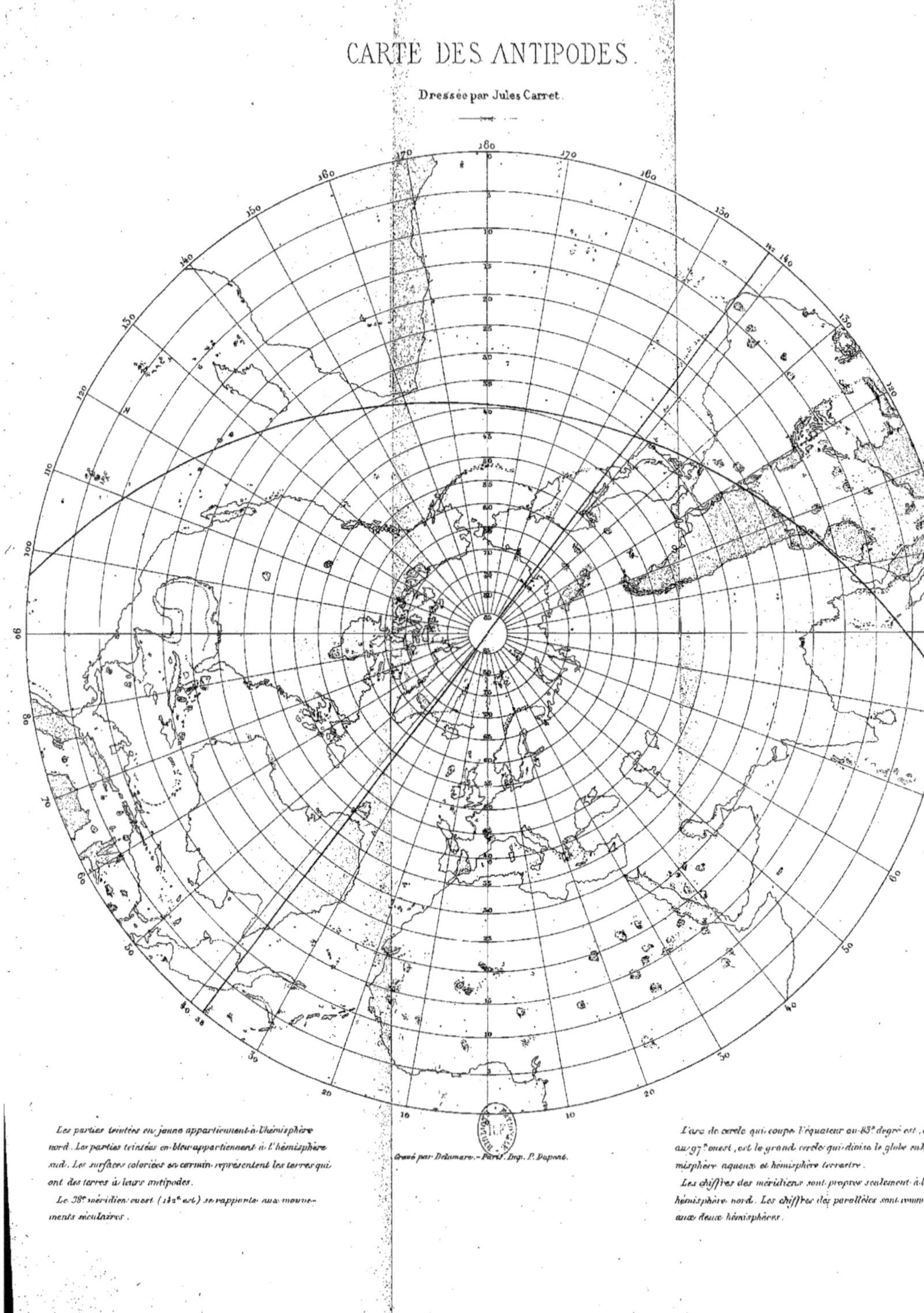

CARTE DES ANTIPODES.
Dressée par Jules Carret.
Gravé par Delamare. – Paris. Imp. P. Dupont.
Les parties teintées en jaune appartiennent à l'hémisphère nord. Les parties teintées en bleu appartiennent à l'hémisphère sud. Les surfaces coloriées en carmin représentent les terres qui ont des terres à leurs antipodes.
Le 38e méridien ouest (142e est) se rapporte aux mouvements séculaires.
L'arc de cercle qui coupe l'équateur au 83e degré est, et au 97e ouest, est le grand cercle qui divise le globe en hémisphère aqueux et hémisphère terrestre.
Les chiffres des méridiens sont propres seulement à l'hémisphère nord. Les chiffres des parallèles sont communs aux deux hémisphères.